高效搞定 PPT

朱志骋（@三顿） 著

电子工业出版社
Publishing House of Electronics Industry
北京·BEIJING

内容简介

很多人反感制作PPT，因为有时候花费了大量的时间，耗费了大量的心力，却始终得不到满意的结果。究竟如何才能在短时间内做出高质量的PPT呢？本书从PPT基础操作、PPT设计思维以及素材使用等多方面入手，既重基础也讲求实用。在这本书中读者将能看到大量详细而生动的步骤讲解、丰富而有趣的实战案例。此外，本书还有大量针对新媒体运营相关的PPT技巧，这是其他PPT图书中几乎见不到的创新内容。

本书不仅有翔实的图文讲解，更有配套的GIF动画演示，最大限度地降低了学习门槛。不管是零基础的PPT新手还是PPT达人，都能从本书中有所收获，一起高效搞定PPT吧！

未经许可，不得以任何方式复制或抄袭本书之部分或全部内容。
版权所有，侵权必究。

图书在版编目（CIP）数据

高效搞定PPT/朱志骋著. —北京：电子工业出版社，2017.11
ISBN 978-7-121-32889-3

Ⅰ.①高… Ⅱ.①朱… Ⅲ.①图形软件 Ⅳ.①TP391.412

中国版本图书馆CIP数据核字（2017）第252595号

策划编辑：张月萍
责任编辑：刘 舫
印　　刷：北京虎彩文化传播有限公司
装　　订：北京虎彩文化传播有限公司
出版发行：电子工业出版社
　　　　　北京市海淀区万寿路173信箱　邮编：100036
开　　本：720×1000　1/16　印张：15.5　字数：330千字
版　　次：2017年11月第1版
印　　次：2020年5月第6次印刷
定　　价：63.00元

凡所购买电子工业出版社图书有缺损问题，请向购买书店调换。若书店售缺，请与本社发行部联系，联系及邮购电话：(010)88254888，88258888。
质量投诉请发邮件至zlts@phei.com.cn，盗版侵权举报请发邮件至dbqq@phei.com.cn。
本书咨询联系方式：010-51260888-819，faq@phei.com.cn。

写在前面的话

PPT很重要，但PPT好难学，很多人都有这样的感觉。就拿我来说，刚接触PPT时不知道系统的学习方法，往往两三天才能做好一份十几页的PPT，最终的效果还并不理想，也因此走了不少弯路。

在经过了长时间的"一天三顿"和不懈努力之后，对于PPT制作，我有了一些自己的经验和心得。如何配图、配色和排版，如何在短时间内做出高质量的PPT，我将这些经验写成文章并分享在了我的微信公众号上。

一开始只是在朋友间转发，后来越来越多的人喜欢我写的文章，我成了一个"一周三篇"写PPT教程的自媒体人。

写了大量的文章，久而久之也暴露出一些问题，比如不够系统。今天写版式设计，明天写逻辑梳理，知识点过于零散，因此我萌生了把这些经验和文章出版成书的想法，将每块知识点进行梳理，系统而全面地帮助大家解决PPT这个"老大难"问题。

因而也就有了各位现在看到的这本书，我认为它有两个明显的特点，一是从内容上按基础到入门再到进阶的顺序进行编写，循序渐进地分享PPT中实用的功能操作和设计思维。除此之外，我准备了大量的实战案例和延伸技巧，相信读者一定会有所收获。

在形式上，对于重要的操作与技巧，在列明详细步骤的同时准备了动态的操作过程，读者在阅读过程中扫描相应二维码即可查看，力求把一个知识点讲懂讲透。

另外，本书基于PowerPoint 2016进行编写，建议各位读者使用PowerPoint 2010及以上的版本进行学习和具体的PPT制作，一起和我享受这场有关PPT的"饕餮盛宴"吧！

目录

第1章 开启PPT学习之路　/ 1

1.1 为什么要学习PPT　/ 2
　　1.1.1 PPT是一款好用的演示工具　/ 2
　　1.1.2 PPT是一款实用的设计工具　/ 3
　　1.1.3 究竟要把PPT做成什么样　/ 5
1.2 如何在短时间内做出高质量的PPT　/ 5
　　1.2.1 积累设计灵感　/ 5
　　1.2.2 梳理框架结构　/ 8
　　1.2.3 进行具体制作　/ 10
　　1.2.4 注意逻辑关系　/ 13

第2章 PPT中常用的基础操作及功能详解　/ 15

2.1 PPT中有哪些常用的基础功能　/ 16
　　2.1.1 认识PPT的界面　/ 16
　　2.1.2 对齐　/ 20
　　2.1.3 参考线　/ 22
　　2.1.4 "选择"窗格　/ 22
　　2.1.5 格式刷　/ 23
　　2.1.6 取色器　/ 23
2.2 PS不好用？PPT中的图片处理功能详解　/ 25
　　2.2.1 删除背景（抠图）　/ 26
　　2.2.2 更改颜色/亮度　/ 27
　　2.2.3 艺术效果　/ 28
　　2.2.4 图片样式　/ 29
　　2.2.5 裁剪　/ 30
2.3 用幻灯片母版快速统一整体结构　/ 33
　　2.3.1 幻灯片母版的基础功能介绍　/ 33

目录

   2.3.2 幻灯片母版的三大用途 / 35
   2.3.3 幻灯片母版使用中的常见问题 / 39
 2.4 用形状填充制作图形蒙版 / 39
 2.5 用SmartArt轻松搞定图文排版 / 44
   2.5.1 什么是SmartArt / 44
   2.5.2 SmartArt功能的进阶运用 / 48
 2.6 "合并形状"功能在PPT中的应用 / 50
 2.7 音频/视频在PPT中的运用 / 57
   2.7.1 关于音频/视频功能的简单介绍 / 57
   2.7.2 音频/视频在PPT中的各类应用场景 / 58
 2.8 关于PPT现场演示，4个你不可不知的注意事项 / 60
   2.8.1 页面尺寸的确定 / 60
   2.8.2 字体的保存 / 61
   2.8.3 检查兼容性 / 64
   2.8.4 对文件进行备份 / 64

第3章 元素的美化与处理 / 66

 3.1 图片 / 67
   3.1.1 配图的原因和图片的使用场景 / 67
   3.1.2 图片的基本使用原则 / 68
   3.1.3 图片检索技巧 / 70
   3.1.4 如何处理质量不高的图片素材 / 72
   3.1.5 专业图片素材网站推荐 / 74
 3.2 字体 / 76
   3.2.1 字体的基本使用原则 / 76
   3.2.2 多使用安全字体 / 77
   3.2.3 常用中英文字体推荐 / 78
   3.2.4 字体相关素材网站推荐 / 80
 3.3 配色 / 81
   3.3.1 配色的基本原则 / 82
   3.3.2 PPT新手要学会偷配色 / 82
   3.3.3 配色的原理及应用 / 84
   3.3.4 配色工具及相关网站推荐 / 86
 3.4 表格与图表 / 87

V

3.4
- 3.4.1　PPT中表格的处理与美化　/ 88
- 3.4.2　PPT中图表的分类与应用场景　/ 91
- 3.4.3　PPT中图表的基本美化与处理　/ 92
- 3.4.4　在图表中还有哪些进阶美化技巧　/ 95

3.5　排版　/ 98
- 3.5.1　亲密　/ 98
- 3.5.2　对齐　/ 100
- 3.5.3　对比　/ 101
- 3.5.4　重复　/ 102

3.6　模板　/ 103
- 3.6.1　高质量的免费模板素材网站　/ 103
- 3.6.2　如何自己动手找模板　/ 107
- 3.6.3　PPT模板的使用原则与技巧　/ 108

3.7　素材　/ 110
- 3.7.1　PPT相关素材网站推荐与汇总　/ 110
- 3.7.2　如何整理大量的PPT素材　/ 115

第4章　具体页面的美化与处理　/ 116

4.1　封面页设计，给你的作品开一个好头　/ 117
- 4.1.1　选择高质量的图片　/ 117
- 4.1.2　合理利用蒙版效果　/ 118
- 4.1.3　极简风格的封面页设计　/ 122

4.2　目录页设计，让整体框架更清晰　/ 124
- 4.2.1　制作目录页时需要遵循的基本原则　/ 124
- 4.2.2　目录页制作中的常用思路　/ 127

4.3　结束页设计，提升作品的品质感　/ 131
- 4.3.1　常见结束页的制作技巧　/ 131
- 4.3.2　个性化结束页的制作技巧　/ 133

第5章　不同风格作品的美化与处理　/ 135

5.1　演讲型PPT和阅读型PPT　/ 136
- 5.1.1　演讲型PPT的制作技巧　/ 136
- 5.1.2　阅读型PPT的制作技巧　/ 141

5.2　如何制作特定风格的PPT　/ 146

目录

  5.2.1 全图型PPT的制作技巧 / 146
  5.2.2 扁平化风格PPT的制作技巧 / 154

第6章 PPT修改案例实操 / 160

6.1 为什么要修改PPT / 161
6.2 如何在PPT中表现重点或对比 / 163
6.3 如何驾驭纯白色背景的页面 / 170
6.4 文字较少的页面如何美化 / 175
6.5 如何制作特定主题的PPT / 181
6.6 如何轻松搞定耗时又费力的页面布局 / 184

第7章 PPT在新媒体中的运用 / 193

7.1 PPT中自定义幻灯片大小功能详解 / 194
7.2 如何用PPT做微信图文排版 / 195
  7.2.1 微信图文排版的基本思路 / 195
  7.2.2 如何制作好看的微信图文排版 / 197
7.3 如何用PPT设计H5页面 / 200
  7.3.1 常用的H5在线制作工具 / 201
  7.3.2 利用PPT制作H5页面 / 202
7.4 二维码的常见美化技巧 / 205
  7.4.1 二维码的基础制作技巧 / 205
  7.4.2 二维码美化 / 207

第8章 PPT能力延伸技巧 / 208

8.1 GIF图，用PPT也能轻松做出AE效果 / 209
  8.1.1 GIF图结合文字 / 209
  8.1.2 GIF图作为文本填充 / 210
  8.1.3 GIF图素材分享 / 212
8.2 样机，给你的PPT加个壳 / 213
8.3 让做PPT更简单的四款好用插件 / 218
  8.3.1 PPT美化大师 / 218
  8.3.2 iSlide插件 / 219
  8.3.3 OneKey插件 / 221
  8.3.4 口袋动画PA / 222

附录A 如何系统地学习PPT，并在短时间内精通　/ 223

附录B 不为人知却好用至极的六款PPT辅助工具　/ 226

附录C PPT中常用的快捷键　/ 233

附录D 本书提到的素材网站及资源汇总　/ 236

Chapter 01

第1章
开启PPT学习之路

很多人畏惧制作PPT，因为经常花费了大量的时间，却做不出令人满意的效果。其实，只要掌握正确的制作思路，制作PPT并不可怕。相反，PPT有很多延伸的应用场景，恰当地使用PPT，可以方便地解决工作中的很多问题。

1.1 为什么要学习PPT

我身边的很多人都反感制作PPT，花费了大量的时间，耗费了大量的心力，却得不到满意的结果。我们将用一整本书来解决这些痛点，而在这之前我们不妨先想一想，到底为什么要学习PPT？

1.1.1 PPT是一款好用的演示工具

PPT的全称叫作PowerPoint，从字面上理解，是"让你的观点更有力量"，因而被广泛用于日常演示中。它的作用大致体现在以下两个方面。

第一，减少信息量并突出重点。举一个例子，如果要介绍一款产品，大屏幕上直接堆砌大量的产品信息文字，这会让观众特别头疼，无法在短时间内理解你要表达的重点。

下图所示的是小米6的一页纯文字内容的PPT。

> 骁龙835采用了10nm的制程，功耗降低25%。除此之外还引入了很多技术，比如DSP协处理器，功耗额外降低20%；Adreno 540 渲染技术，相同图形任务的功耗降低45%；IZat第9代GNSS定位引擎，内核功耗降低10%；PDR 3.0步行导航，综合功耗降低75%；第3代包络跟踪通信技术，通信功耗降低20%；Quick Charge 3.0 最佳电压智能协商算法，充电温度降低 −3℃。

如果对内容进行适当提炼，在PPT中用文字结合图片的形式呈现，前面大段文字想表达的信息就会清晰直观很多。

下图所示的是在小米6发布会上，演讲使用的PPT页面。

图片来源：小米6发布会

第二个作用，是让观点更加具体形象。仍然以小米6发布会上的PPT为例。一张"捂脸"的图片不仅可以关联文字，还可以展现文字中所带的情绪。

图片来源：小米6发布会

下图所示的这个页面，利用对比图，更好地表达了"有效降低蓝光的同时，更接近真实色彩"这样一个观点，直观地展示了技术和效果。

图片来源：小米6发布会

不仅是在大型的发布会上用PPT配合演讲效果较好，PPT作为一款辅助演示的工具，在日常的工作汇报、项目展示以及课题答辩中，都有着广泛的应用。

1.1.2　PPT是一款实用的设计工具

随着科技的发展，软件不断更新换代，PPT延伸出了多样化的应用场景。例如，我们可以使用PPT制作海报、名片，以及手机的H5页面，如下图所示。

图片来源：小学僧

不仅如此，网站页面的横幅广告、信息图表等也都可以使用PPT进行制作，如下图所示。

相比于专业的设计工具，例如Photoshop、Illustrator等，PPT的门槛相对较低。基本的图片处理、海报以及页面设计在PPT中都能完成，具体的制作技巧也会在本书后面的章节中详细介绍。

除了注重实用性的设计外，还有很多业内高手将软件的功能发挥到极致，利用PPT来制作一些视觉效果震撼、设计感很强的页面，如下图所示。

用PPT还能制作酷炫的动画。下图所示的这个水流的动画，就是用PPT制作的。手机扫描右侧的二维码，可以查看动态效果。

图片来源：黑眼荟荟

1.1.3 究竟要把PPT做成什么样

"我知道PPT有很多应用场景,那我们究竟要把PPT做成什么样呢?"这是很多人问我的问题。其实,目前市面上的PPT作品主要有两种类型。一种是注重设计,比如前面提到的母亲节的例子,以及水流的动画。它们往往注重视觉效果,需要一定的设计水平和制作能力。另一种则是注重实用性,比如前面提到的发布会PPT,以及工作汇报、项目展示等。它们不要求精美的设计,但一定要能清楚地阐明观点。

很多人喜欢第一类设计型的PPT,认为效果酷炫、拉风。如果想要专职设计,出售模板、作品,我们可能要做出达到第一类水准的作品。更多的人,需要用PPT来应对一些日常工作上的需求,制作工作型的PPT。

在本书中,从PPT的基础操作、制作流程到PPT中的逻辑梳理,从视觉呈现再到PPT的延伸应用,我将毫无保留地将我制作工作型PPT的经验分享给大家。

1.2 如何在短时间内做出高质量的PPT

在制作PPT的过程中,可能会遇到以下这些问题:

做一份PPT耗费了大量的时间,可做到一半却被卡住做不下去了。有时候绞尽脑汁想到一个好的创意,却做不出好看的效果。

如何快速做好一份PPT?如何做出高质量的PPT?

换句话说,一份PPT正确的制作流程是什么样的?

我认为应该分三步走:第一步是积累设计灵感,第二步是梳理框架结构,最后是进行具体的制作。

1.2.1 积累设计灵感

很多人觉得做PPT是一件简单粗暴的事情:打开PPT软件,整理好文字,找好素材,把它们一股脑儿地放到PPT中去,完事儿。

如果这样做,我们有可能在页面排版上花费大量的时间,甚至有可能做到一半就做不下去了。

那么如何避免这种情况呢?先找灵感。

其实,在做PPT前寻找灵感非常重要。排版、配图、配色等都需要灵感,一些小创意也会让PPT产生意想不到的变化。

例如，下图所示的这个案例，右边的页面只是添加了一个层叠的效果，就让整个画面变得更加饱满而充实。

因此，我们在做PPT之前，最好去看一些好的设计，让大脑的思维活跃起来，从而在制作过程中产生好的创意。

那么，如何寻找灵感呢？

从日常生活着眼，遍地都是灵感。例如，经常能够在地铁站台，或者公交车站看到的广告，它们的页面设计、版式布局完全可以被借鉴到PPT制作中。

除了地铁广告之外，很多网页也值得学习和借鉴。

还有各类海报、期刊，甚至名片，这些作品中优秀的部分，大多由专业的设计师完成。它们的构思、排版、配色等，完全可以在制作PPT时进行借鉴。

第1章 开启PPT学习之路

这些灵感创意，需要我们在平时做大量的积累。如果想要临时抱佛脚，可以去逛逛那些专门收藏设计灵感的网站。下面就推荐几个这类网站中的佼佼者。

资源1-01 花瓣网（www.huaban.com）

花瓣网是国内著名的设计灵感集中站，汇集了很多优秀的作品。

判断一个网站是否对我们有帮助，不妨直接在网站中搜索PPT。

一些特定风格的设计，比如扁平化页面，在这里都能找到。

知名的设计网站,还有站酷、Dribble、Behance等。一些PPT模板网站,也可以成为灵感创意的来源。

在积累的过程中,一定要尝试将灵感变为PPT。泛泛地浏览,灵感会随时间消散。有了灵感就做出PPT来,才能把它们积累下来。

例如下面这个案例,这是参考TalkingData官网来制作的一页PPT。

再如前面提到的电影《社交网络》的海报,我们也可以将其制作成PPT页面。

用一些工具,比如手机的照相功能、花瓣网的采集工具将灵感记录下来,也是一种便捷的积累方式。

不管是用图片的方式,还是PPT的方式,把创意和灵感积累起来,在制作PPT的时候就能快速地想到该怎么做,可大幅缩短制作PPT的时间。

1.2.2 梳理框架结构

做PPT的根本目的是为了更好地阐述观点,以实现更好的沟通,讲究的是内容为王。因此,在制作PPT之前要确定以下几个问题:

- 你的展示对象是谁
- 确定时间

第1章　开启PPT学习之路

- 确定思路流程
- 对PPT的脉络有一个简单的设置

举一个例子，比如要做一个课件介绍"虚拟团队"，那么下面这些内容是在做这份PPT之前应该进行的梳理：

- 虚拟团队是什么？（无法当面沟通，只能在互联网上交流。）
- 有什么特征？（通过互联网交流、兴趣相同、来自各行各业。）
- 有哪几类？（项目交流、线上平台运营等。）
- 虚拟团队好不好？（有好有坏，好的是……坏的是……）

当然，通常一个PPT的结构，比这里举的例子要复杂得多。大标题下面要分小标题，小标题里面又细分为好几点。因此，在大致确定PPT内容之后，一定要画图，画框架结构。

首先要画的是思维导图。思维导图可以帮助你在做PPT前形成一个清晰的框架。比如刚才的例子，用思维导图呈现就能清晰很多。

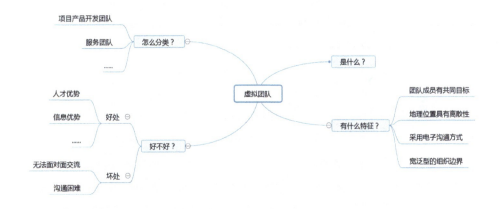

怎么画思维导图？这里推荐一款在线思维导图工具——百度脑图（naotu.baidu.com）。当然，也可以尝试Mind这类专业的思维导图制作软件。

其次要画的是整个PPT作品的草图。可以直接用A4纸画，也可以使用便签，便于调整顺序。草图可以帮助我们把作品的排版思路理清楚。

找灵感、定主题、画图，完成这些步骤后，就可以动手制作PPT了。例如，用这个方法，我们完成了"虚拟团队"课件。

虽然这些准备工作会花费一定的时间，但它们会提高整个PPT的制作效率，并且让作品的逻辑结构更加完善。

1.2.3 进行具体制作

积累设计灵感、梳理框架结构之后，我们开始PPT的具体制作。这里以一篇文字很长的演讲稿为例，删减内容并转换成PPT。

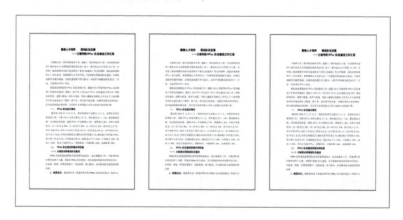

既然是演讲用，在PPT中就不能简单地堆砌文字，那么这样几千字的讲稿该怎样转化成PPT呢？我们可以分为三个步骤来转化：前期准备、精简内容、进行制作。

1. 前期准备

拿到一份演讲稿后，首先要有一个明确的概念：我们要做的是用PPT把文字转换成阅读者能快速理解的图文页面。

其次,我们要对文稿进行通读。第一遍读不懂没有关系,但是一定要对文章在讲什么有一个大致的概念。通读之后,我们再理清文章的脉络。

怎么清理文章脉络呢?

以这篇"队伍建设工作汇报"为例,可将文字进行删减后仅保留小标题部分。通过各级标题,就可以清晰地了解到整篇文章的行文思路。

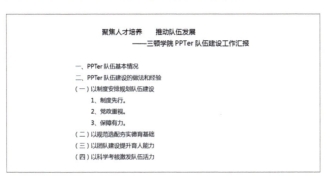

理清思路后要做的,就是根据小标题逐个击破。"制度先行"写了什么,"保障有力"写了什么,将文章拆分成无数个小部分,再对各个部分进行由Word到PPT的转换。

对于没有小标题的文章,建议和作者做一个沟通。一定要了解文章的行文思路,了解它的逻辑框架是怎样的。

2. 精简内容

前期准备根据各级标题清理了文章脉络,但并非将演讲稿从几千字变成几十字。需要安排到PPT内的每节内容,我们都需要进行精简。以文章中"保障有力"那一点为例。

通读这一段落,理解段落大意后,我们用彩色和加粗标记出段落的重点和框架结构。

高效搞定PPT

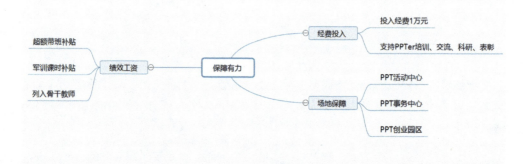

接下来就要给这段话"动手术"了,把无用部分都删去。删除后还是用思维导图来整理一下整段内容的核心思想,这样,主要内容就完整地呈现在我们面前了。

没错,其实我们还是在重复前期准备中提到的"逐个击破",从大框架中剥离出一个小框架,即"保障有力"。再从"保障有力"中剥离出三个小框架,从而实现了精简内容的目的。

3. 进行制作

以"保障有力"中的经费投入为例,要突出的是投入了多少经费,以及经费的用途是什么。

需要注意的是，培训、交流、科研、表彰之间存在着并列的逻辑关系。因此，我用4个矩形表示并列关系，下面加上金额。这里是以"保障有力"举例，场地和工资该如何呈现呢？这里再提供一页范例，大家不妨也自己动手尝试一下。

按照上面的方法，依次将演讲稿各部分内容制作成PPT页面，作品就大功告成了。

1.2.4 注意逻辑关系

并不是所有的页面都能像上面这样处理，在处理的过程中，我们还需要注意页面内容的逻辑关系。进行完内容筛选，往往会出现下面这样三种情况，内容间存在逻辑关系、无逻辑关系和数据型文字。

PPT中常见的逻辑关系有并列、递进、循环等，像前面提到的培训、交流、科研、表彰，就是一个并列结构。这类存在逻辑关系的文字，通常可以用关系图示来表示。

什么是关系图示？卖个关子，在第2章中将详细地为大家做介绍。

这里要强调的是一些没有明显逻辑关系的内容，就比如下面这段对"虚拟团队"的定义。

> 虚拟团队的定义：虚拟团队是指在地理上通过电子方式沟通来实现一定目的的团队，它连接起了不同国家和时区的成员来完成不同的任务，实现一个共同的目标。

对于这样的内容，可以直接提炼文字内容并标明重点。

如果文字比较少,还可以尝试这种发布会式的风格。

对于数据型内容,比如下面这段数据。

> **PPTer 队伍基本情况**
> 截至2016年12月31日,我校PPTer年龄分布情况为:21～30岁占30%,31～40岁占58%,41～50岁占10%,50岁以上占2%。

在制作中,可以尝试用不同类型的图表来表示。

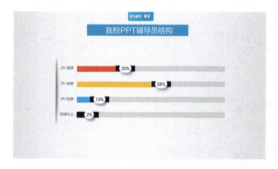

当然,这些只是基础的思路与技巧。在日常的PPT制作中,还会涉及图片、字体、图表等各类元素的运用。除此之外,不同风格、不同类型的PPT也有着不同的技巧。这些内容将在后面的章节中详细展开。

Chapter 02

第2章
PPT中常用的基础操作及功能详解

在动手制作PPT之前，我们需要认识软件的界面，熟悉软件的基本操作。本章就从基础操作开始，逐一介绍PPT各个方面的功能。除此之外，还有很多PPT制作中经常会用到的操作技巧，也将在这一章中和大家分享。

2.1 PPT中有哪些常用的基础功能

熟悉基础操作，是学习PPT的第一步。无论多复杂的技巧，都是很多个基础操作的排列组合，就像造房子一样，我们必须把地基打好，才能一层层往上盖房子。

在这一章中，我们就一起梳理PPT制作中常用的基础操作。

2.1.1 认识PPT的界面

在了解具体操作之前，有必要先熟悉软件的界面。本书基于PowerPoint 2016版本进行讲解，为了提高制作效率，建议大家使用2010及以上的版本。

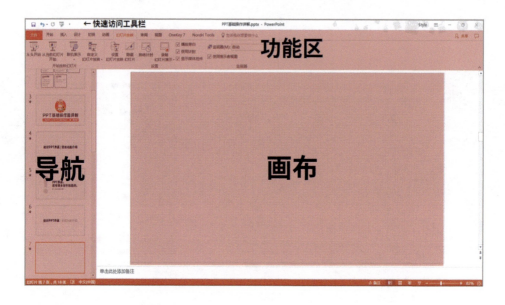

整个PPT界面，主要分成功能区、导航和画布三部分。

画布

画布是PPT中主要的工作区域。在画布上可以插入各类对象，例如图片、文字、形状等。每个页面的排版以及设计工作，也都是在画布上实现的。

导航区

导航区呈现的是整个PPT的缩略图。它的作用好比一个控制台，拖动导航区内的缩略图，可以调整页面顺序。右击导航区的空白处可以新建幻灯片，右击缩略图可以对这个页面进行复制、删除、隐藏以及调整版式等操作。

第2章　PPT中常用的基础操作及功能详解

右击导航区空白处还能找到"新增节"的功能。PPT中的节可以让PPT的结构更加清晰。在PPT页面数量较多的时候，我们就可以对内容进行分节。

功能区

功能区涵盖了大部分操作命令，在PPT制作中有着非常重要的作用。

它分为选项卡和命令两部分，界面上方的"文件""开始""插入""设计""切换""动画""幻灯片放映""审阅""视图"为9个选项卡，给PPT的功能做了一个大致的分类。分别单击每个选项卡就能找到相对应的命令。

"开始"选项卡类似于Windows系统中的"开始"菜单，完成的是PPT中最常用的操作，包括复制-粘贴、新建幻灯片、设置字体格式、设置段落格式、绘制和修改形状以及查找、替换和选择这类的辅助命令。

"插入"选项卡主要负责常用对象的添加，包括：图片、SmartArt、图表、视频、音频等。

"设计"选项卡主要负责的是整个PPT页面样式的调整。调整幻灯片的大小，设置幻灯片背景格式等功能也都在这个选项卡中。

"切换"选项卡主要调整页面与页面之间的切换效果,切换效果持续时间、切换方式等都在这个选项卡中进行调整。

"动画"选项卡调整的是单个页面上各对象的动画效果,例如为图片、形状添加动画效果。同样的,动画的开始时间、持续时间以及动画延迟等的调整,都位于这个选项卡中。

"幻灯片放映"选项卡主要负责幻灯片的放映以及放映方式的设置;"视图"选项卡主要负责不同视图间的切换;而"审阅"选项卡主要是对幻灯片内容的校对和修订。

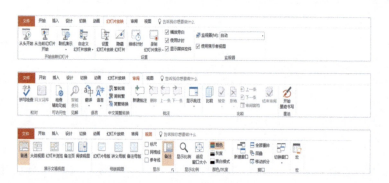

PPT中还有很多隐藏的选项卡,隐藏的选项卡只有在选中各类对象以后才会开启。例如选中图片,会弹出"图片工具"选项卡。选中形状、图表、音频/视频,都会弹出对应的选项卡。

第2章　PPT中常用的基础操作及功能详解

后面将详细介绍的SmartArt工具，也是在对应的隐藏选项卡中的。

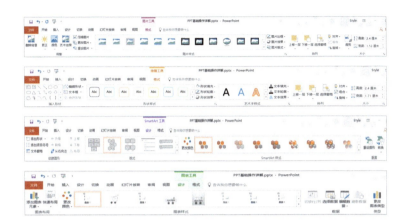

以上就是对功能区部分的完整介绍。除此之外，我们还有两个事项要注意。

1. 如何对某一对象的详细参数进行调整

PPT中的功能十分庞杂，因此在功能区中罗列的是一些重要而常用的功能。这就意味着我们无法详细地修改某一对象的具体参数。如果要调整详细的参数该如何操作呢？

以字体为例，在字体命令区的右下角有一个下拉箭头，选中文字后单击下拉箭头就可以对具体的参数进行调整了。

选中对象后右击，同样会弹出关于这一对象的相关操作。例如选中某形状后，右击会有设置形状格式、复制、剪切等相关的选项，在画布的空白区域右击会有设置背景格式等选项。

2. 如何理解并熟悉这些看似复杂的功能

在写这部分内容的时候，我在想一个问题，有没有必要把这些功能如此详细地罗列出来？出于完整性的考虑，我还是这么做了，但这确实不是我的风格。说不定会有人说，"你写得太专业、太复杂了，我完全看不懂。"

如何解决这个问题呢？对于零基础的读者，我做了一份关于这部分内容的总结，可以按这份总结对这些基础操作做一个回顾。当然更重要的是，一定要动手尝试。

更好的建议是，怀着一颗好奇的心去接触PPT。软件不是什么洪水猛兽，我们不应该教条地去学习它。打开PPT软件，随手单击几个按钮，遇到不了解的功能就上网查询，看到实用的知识就默默记下，在不断尝试中学习。这是我认为更好的学习方式。

当然，还有第三种解决方案。除了整体功能的介绍外，我将把一些相对重要的功能单独罗列出来，希望给大家一个更加立体而全面的介绍。

2.1.2 对齐

在生活中，我们常把某些东西排列整齐，以使其更加有序和美观。而具体到PPT

的制作中，就是对齐功能了。

选中形状、图片这类对象后，就可以在前面提到的隐藏菜单栏中找到"对齐"按钮。

对齐分为两种，单独选中一个对象是与幻灯片对齐。以下图所示的圆形为例，通过"对齐"按钮中的"垂直居中"和"水平居中"命令，可以将圆形放到画布的中央。

除此之外，还有"左对齐""右对齐""顶端对齐""底端对齐"等命令，通过这些命令，可以将圆形精确地放到画布中不同的位置。

选中多个对象，执行的是所选对象间的对齐。以下图为例，选中三个圆形进行左对齐就是对齐最左侧的圆形。

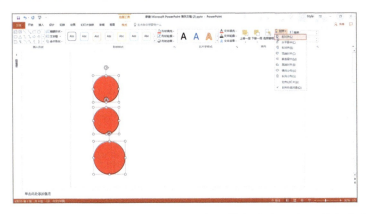

除此之外，在"对齐"按钮中还有"横向分布"和"纵向分布"这两个命令。它们的作用主要是设置各对象间的间距。以下图为例，选中三个元素进行横向分布，就是自动调整它们之间的间距。

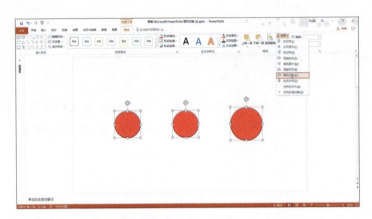

当然，对齐的应用不只局限于形状。艺术字、图片等各类对象，都可以进行对齐操作。

2.1.3 参考线

"参考线"功能可以通过"视图"选项卡开启，它和对齐的作用类似，同样是为了让页面更加有序，帮助我们优化排版细节。以下图为例，想要查看文字是否位于版面中心，就可以使用参考线。

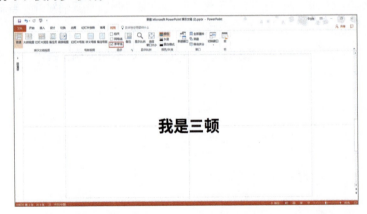

右击参考线还可以更改参考线的颜色、增加参考线的数量。为了查看页面的排版是否符合某些设计规范，经常需要用到参考线。

2.1.4 "选择"窗格

"选择"窗格是从PowerPoint 2007开始出现的功能，单击"开始"选项卡最右侧的"选择"按钮，即可开启"选择"窗格。它的作用是在各种对象过多的情况下，帮助调整各类对象的空间位置。

以下图为例，圆形遮挡住了文字部分，这时候就可以开启"选择"窗格，通过拖动"选择"窗格中的对象名称，调整两者的位置关系。单击对象右侧形为眼睛的"隐藏"按钮，还可以将各类对象直接隐藏。

"选择"窗格适合在元素较多的情况下使用，如果页面中的元素较少，则可以通过右击对象找到"置于顶层/置于底层"命令进行调整。

2.1.5 格式刷

"格式刷"是一个非常实用的功能，它可以轻松复制各类对象的样式。选中原对象，单击"格式刷"按钮，再单击目标对象，就可以轻松地把格式"刷"过去。双击"格式刷"按钮还能实现格式的连续复制。

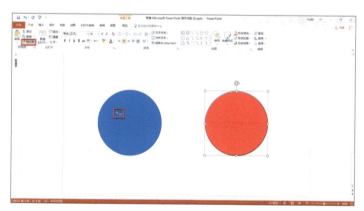

"格式刷"功能的出现在极大程度上避免了重复劳动，让我们的工作更加省时省力。"动画"选项卡中预置了"动画刷"，让PPT中的动画也可以一键复制。

2.1.6 取色器

取色器是PowerPoint 2013中新增的一个功能。以下图为例，图标区域的底色非常好看，以往如何将这些色彩为我们自己所用呢？

我们需要用截图软件截图，获取颜色的RGB数值。

然后在PPT中的配色面板中，手动输入RGB数值并应用。

而在PowerPoint 2013及以后版本中，新增了"取色器"的功能。通过"取色器"，我们可以直接吸取想要的配色并一键应用。

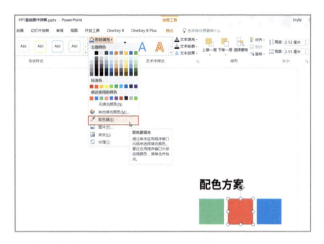

对于软件、网页上的颜色，选择"取色器"后长按鼠标左键，拖出PPT，即可以一键吸取。

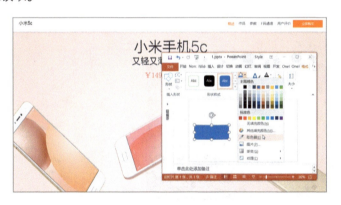

2.2　PS不好用？PPT中的图片处理功能详解

我们在做PPT的时候，经常会用到各式各样的图片类素材，有时候图片太模糊，有时候需要把图片中的人物抠出来。

很多人会想到用PS（Photoshop软件，简称PS）去解决这些问题，又觉得PS安装麻烦，操作复杂。其实，大部分常用的图片处理功能，在PPT中就可以完成。在PPT中插入图片后，单击图片就会在界面上方弹出"图片工具"菜单栏。别看只有短短的一排工具，常用的图片处理功能都可以在这里实现。

2.2.1 删除背景（抠图）

首先要介绍的是PPT中删除背景的功能。以下图为例，图片底色是白色的，和背景完全不搭。

在"图片工具"菜单栏中选择"删除背景"，之后图片就会进入编辑状态。

紫色区域表示会被删除的部分，可以通过拖动选区以及菜单栏左上角的"标记要保留的区域"按钮来保留想要的部分。

另外，对于一些底色是纯色的，例如像下面这个案例中标题下方的企业LOGO图。

第2章　PPT中常用的基础操作及功能详解

我们还可以通过"图片工具"菜单栏中"颜色"里的"设置透明色"命令，将LOGO中的白色底色删去。

两种方法都可以快速完成抠图操作。

2.2.2　更改颜色/亮度

好的PPT要做到整体风格协调统一，而我们经常会遇到一些图片风格不一致的情况。例如下面的图片，有的偏黄，有的偏亮。

如何将它们进行统一呢？可以使用"重新着色"功能。

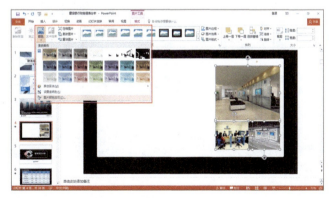

27

根据整体的风格，可以将图片调整成统一的色相。

2.2.3 艺术效果

通过"艺术效果"功能，我们可以实现简单的滤镜效果，例如将图片转化为油画风格。

较为实用的是其中的虚化效果，用它我们可以制作出iOS毛玻璃风格的背景图片。

也可以用来增加整体的层次感。

2.2.4 图片样式

"图片样式"在"图片工具"菜单栏中占了很大的版面。它主要有两个作用，一是对图片版式进行简单的美化。

这些都是系统自带的样式。我们还可以在"图片样式"右侧，找到"图片边框"以及"图片效果"按钮。通过这两个按钮，可以自己进行修改，例如添加阴影、边框等效果。

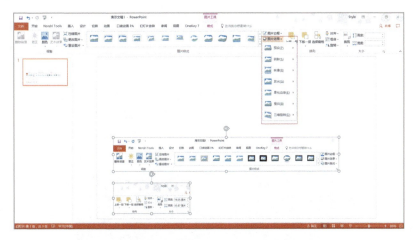

第二个作用，是统一图片的风格样式，例如下面这个案例。

左边的图标有圆有方,我们可以利用"图片样式"中的"圆角矩形"将它们修改成统一样式的图形。

2.2.5 裁剪

裁剪功能虽然常见,但用法却有很多。第一种,我们经常遇到一些图片,它们无法占满整个屏幕,一拉伸比例就会失调。例如这张图片,拉伸后人都变胖了。

第2章　PPT中常用的基础操作及功能详解

如何解决比例失调问题呢？可以使用"裁剪"功能。

根据画布的大小选择"纵横比"，这里选择16:9的纵横比。选择后进行裁剪，使其铺满页面即可。裁剪过程中按住Ctrl键，还可以进行等比例缩放调整。

第二种是局部裁剪。例如这样一张图片，我们只需要其中的一部分。

31

通过对图片进行局部裁剪，可以制造出一片留白区域。

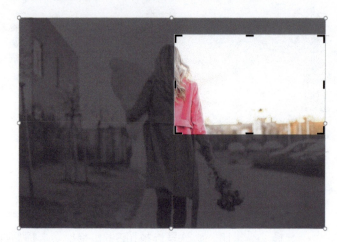

利用这片留白区域，可以制作出一个高质量的封面页。当然，方法已经教给大家，创意就要看你们自己的了。

这几个图片处理功能，虽然没有PS功能那么强大，但是在PPT中进行简单的图片处理会非常方便。

下面简单总结这5个图片处理功能的用途，涉及具体的操作时，一定要自己动手尝试一下。

- 使用"删除背景"和"设置透明色"功能可以进行简单的抠图。
- 使用"更改颜色"功能可以统一整体的风格样式。
- 使用"艺术效果"功能可以实现简单的美化效果，增加层次感。
- 使用"图片样式"功能可以对图片进行简单美化，统一风格。
- 使用"裁剪"功能可以让图片适应屏幕，而局部裁剪有很多创意的玩法。

2.3 用幻灯片母版快速统一整体结构

我们做PPT的时候，经常需要在每个页面上重复一些特定的元素。比如给公司做PPT，需要统一放置LOGO。又比如做模板，每个页面中有很多元素需要统一。如果要手动添加这些重复的元素，一方面需要耗费大量的时间，一方面会影响你制作作品的思路。

那么有没有什么办法可以快速统一页面元素呢？通过幻灯片母版就可以实现。

2.3.1 幻灯片母版的基础功能介绍

什么是幻灯片母版？百度一下会有很多复杂的解释。其实就其功能来说，幻灯片母版就是用来统一页面元素从而提高制作效率的一个工具。

无论是字体、背景颜色还是页面版式，都可以用这个功能来实现统一。打开的方式也很简单，在"视图"选项卡中单击"幻灯片母版"即可。

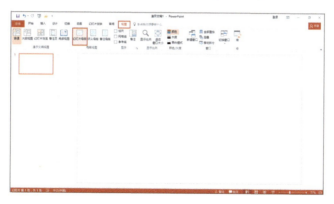

单击后你会发现你的PPT仿佛进入了另外一个世界，突然多了很多页面，那么这些页面是干什么用的呢？最上面也是最大的那个我们把它叫作基础母版，顾名思义，修改后下面的所有版式也会跟着修改。

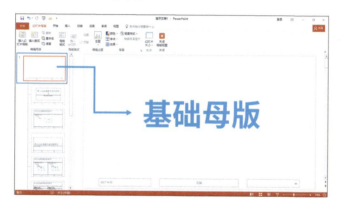

例如在基础母版中插入一个形状,那么所有页面的相同位置处都会出现这个形状。

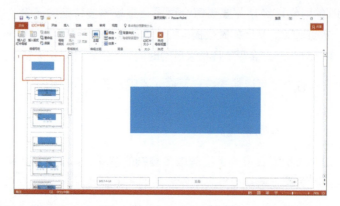

基础母版下方还有很多页面。第一张是标题版式,也就是封面页。PPT的第一页会自动套用这个页面的版式。而第二张是标题与内容版式,也就是内页。第二张以及以后的PPT都会套用这个版式。

需要注意的是,在具体版式中修改是不会影响其他版式的。同时,如果你想要某个页面和基础母版不同,在"背景"栏中勾选"隐藏背景图形"复选框即可。

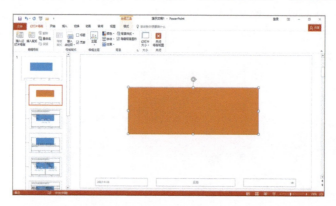

此外，PPT整体的配色、背景样式等，都可以在"幻灯片母版"选项卡的"背景"一栏中进行调整和统一。

PPT中默认的字体，也同样可以在母版中进行修改。

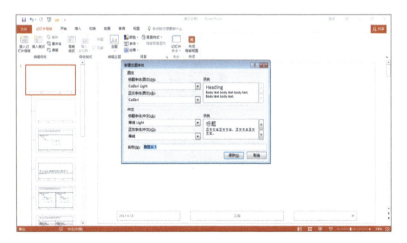

2.3.2 幻灯片母版的三大用途

幻灯片母版在实际工作中有很多应用场景，我整理了几个经常需要用到的功能。

第一个是批量添加LOGO。为页面批量添加一些元素，操作非常简单。打开幻灯片母版后，在基础母板中插入LOGO图片即可。

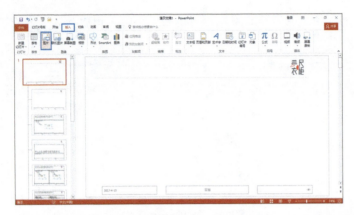

第二个是添加页码。如果想给每一页都加上页码，在幻灯片母版中也可以轻松实现。打开幻灯片母版后复制右下角的<#>，复制后新建一个文本框。将刚刚复制的内容粘贴进文本框，再加以美化就可以了。

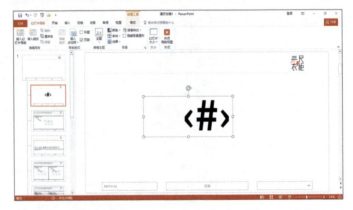

退出母版模式后，可以查看到相应的效果。扫描下面的二维码可以查看操作。

第三个是占位符。这也是在幻灯片母版中非常常用的一个功能。在母版模式中找

到并插入占位符，通过它可以添加文字、图片、图表等内容。

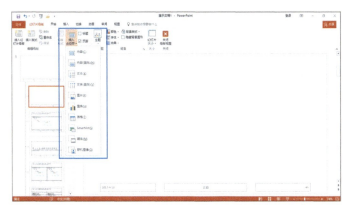

占位符具体有什么用呢？它可以实现元素的快速替换，例如我们插入三个图片占位符。

退出幻灯片母版模式后新建一张幻灯片，右键单击刚刚做好的图片占位符就可以直接添加图片。这样，页面上图片的大小、样式完全相同，省去了逐个排版的麻烦。

当然它的功能远不止于此，可以通过它来完成很多效果的一键替换。还是以刚刚的图片占位符为例，在其旁边新建一个文本框输入文字。

然后将两者放到一起，图片置于底层。同时调整占位符形状，使其覆盖文字。完成后先选占位符再选文字，执行"合并形状"－"相交"操作。

退出幻灯片母版模式，就可以为文字一键填充图片。

2.3.3 幻灯片母版使用中的常见问题

幻灯片母版在具体使用中也有一些常见的问题。比如，使用网上下载的模板时，发现页面完全无法编辑，那么这些元素可能都隐藏在了幻灯片母版中。

再比如，母版中除了封面内页，还有很多版式。也就是下图中省略号代表的页面。

这些页面并没有太大的用途。一般保留基础母版、封面页、内页三个页面，另外保留一个空白页面作为备用，已经可以满足大部分需求。其他页面，建议大家删去。

另外，制作幻灯片母版后退出母版模式，这些页面是默认不出现的。需要在左侧导航栏中，从右键菜单中选择"版式"命令，将它们调出。

2.4 用形状填充制作图形蒙版

图形蒙版是PPT制作中常用的一种技巧。以下面这张图片为例，它仅仅是由一张图片和标题文字组成的吗？

并非如此。如果是单纯的图片与文字的组合,会是下面这样的效果。

比较一下,前者多了些什么?多了一层黑色的效果。这个效果就是在这里要给大家介绍的图形蒙版,它是一层置于文字和背景图片之间的半透明黑色形状。

设计PPT时我们常用图片来让页面更美观,但是图片容易产生喧宾夺主的感觉。蒙版的使用可以弱化图片对内容的影响,让文字更加清楚,同时又不影响图片本身的效果。

对于一些从网上下载下来质量不高的图片,蒙版还可以起到遮丑的作用。就比如下面这个案例中的图片,图片质量低、颗粒感十足,而在添加一层半透明的蒙版之后效果就好了很多。

再比如下面这个案例,图片的使用可以将左右两部分进行区分,但又很容易把文字内容掩盖住。这时候就需要在图片与文字之间添加一层半透明蒙版。

第2章　PPT中常用的基础操作及功能详解

蒙版还可以用来创造留白区域。比如下面这张图片，如果要在图片上面直接加上大段文字，很容易看不清文字内容。添加一层渐变蒙版就可以轻松搞定。

当然，蒙版的颜色不局限于黑白两色，根据作品的整体风格，我们可以选择不同的配色。

蒙版的制作非常简单，以开篇的封面页为例来看一下制作过程。

Step 1　在图片上方新建一个矩形，使其铺满整个页面。

Step 2 选中形状后右击，选择"设置形状格式"命令，在"纯色填充"中找到"颜色"选项，对其进行修改。常用黑色，当然也可以根据作品的风格选择其他颜色。

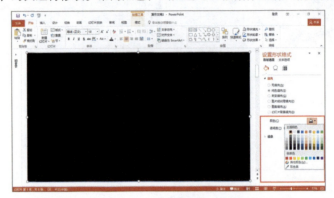

Step 3 修改颜色后，找到颜色下方的"透明度"选项，对相应参数进行调整即可。这里将"透明度"的值设置为39%。

透明度越低，形状的颜色越深。如果图片是作为装饰或者是背景，可以用较低的透明度。如果图片有实际存在的意义，则需要调高透明度。

这是第一类，半透明蒙版的制作。另外还有一类常用的渐变蒙版。像下面这个案例中的渐变效果又是怎么做的呢？

第2章　PPT中常用的基础操作及功能详解

Step 1 我们依然需要在图片上方新建一个矩形，铺满整个页面。不同的是，在"设置形状格式"栏中需要选择"渐变填充"项。

Step 2 "渐变填充"中的参数选项就是接下来要调整的核心内容。主要调整其中的"渐变光圈"参数，删去多余的停止点，保留最左侧和最右侧的停止点。

Step 3 将左侧停止点的"透明度"改为100%，右侧停止点的颜色改为白色，调整停止点的位置和角度，一个渐变蒙版就做好了。

回顾一下，蒙版的主要用途是：弱化图片效果、丰富页面内容、创造空白区域。

利用蒙版，我们能轻松制作出一些"高大上"的页面效果。

2.5 用SmartArt轻松搞定图文排版

我们经常能够在一些模板中，看到下面这样"高大上"的图文排版。第一感觉是制作起来非常麻烦。

其实，这样的图表用PPT中的SmartArt工具可以轻松搞定。SmartArt工具可以一键生成各种关系图示、图形，常见的流程图、组织结构图都能用它搞定。

2.5.1 什么是SmartArt

这个功能位于PPT中的"插入"选项卡，单击SmartArt按钮后就会弹出大量的图形版式，并且为你准备了流程、循环等8个分类。

可以用它制作出各种各样的图示关系，比如常用的组织结构图。在描述企业架构或者进行数据分析的时候，经常会用到组织结构图。

第2章 PPT中常用的基础操作及功能详解

单击SmartArt按钮，在打开页面的左侧栏中选中"层次结构"，然后选择右侧列表中的第一个图示。

单击后，一张原始的组织结构图就生成了。可以在软件的左上角单击"文本窗格"，然后就可对组织结构图的内容进行调整了。

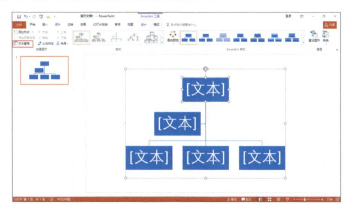

文本窗格是一个所见即所得的模式，在左侧区域的"在此处键入文字"文本框中可以修改文字内容。如果要增加文本，直接在左侧面板中进行添加即可。如果要调整各个矩形的大小，则是在右侧区域选中形状后直接进行拉伸。

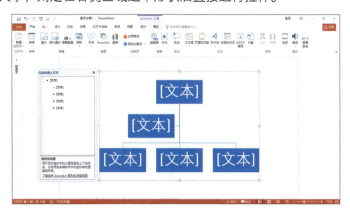

如果要调整文本层级,可以使用Tab键。选中想要调整的目标,按一次Tab键就下降一级,按两次Tab键则下降两级,按退格键可上升层级。如果要修改配色对其进行一定的美化,可以在界面上方的"设计"选项卡中找到"更改颜色"项,也可以逐个选中形状后在"格式"选项卡中进行修改。

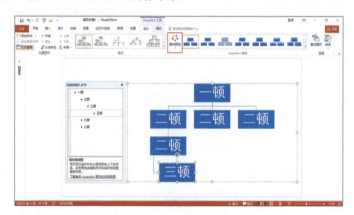

组织结构图的样式也可以通过"设计"选项卡中的"布局"选项进行修改。通过布局功能,可以轻松地将其改为水平的组织结构图。

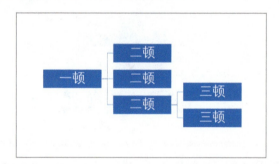

除了组织结构图这类图表以外,图片排版也可以利用SmartArt轻松搞定。单击SmartArt中的"图片"分类,可看到其中内置了大量的图文版式。

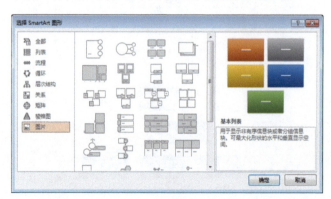

第2章　PPT中常用的基础操作及功能详解

像下图这样的效果，完全可以用这个功能快速实现。

做法非常简单，打开"选择SmartArt图形"对话框后单击"图片"分类，选择任意的图片版式。添加好版式后，单击版式中的图片区域就可以添加图片了。

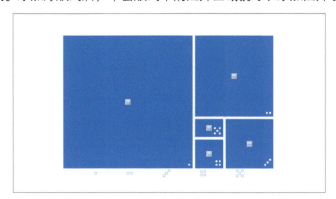

这种做法的不足之处在于，需要一张一张地添加图片。那有没有更快的方法呢？有，可以先将需要的图片全部插入PPT，然后将添加好的图片全部选中。

在"图片工具"菜单栏中找到"图片版式"项，从下拉菜单中选择合适的样式就可以直接完成替换。

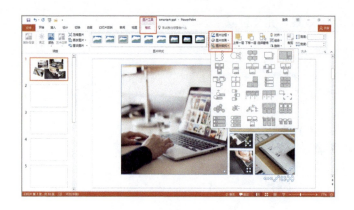

2.5.2 SmartArt功能的进阶运用

除了上面这两个例子之外，流程图、循环图等都可以用SmartArt工具来制作。

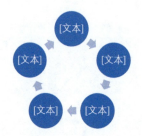

这里想要强调的是，利用这个功能生成的默认图示都不好看，但是每个形状的颜色、大小等格式都可以由你自己来调整。如何调整？给大家分享一些美化技巧。

我们常在各种模板中看到酷炫的图示效果，其实它们都可以由SmartArt直接生成。这类效果是如何制作的呢？这里就以上图那类图示为例，简要介绍一下。

Step 1 打开"选择SmartArt图形"对话框后单击"循环"类，选择第一个"基本循环"。

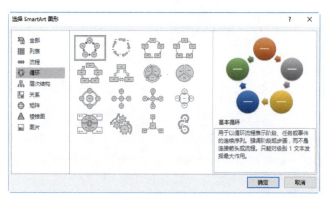

第2章　PPT中常用的基础操作及功能详解

Step 2　生成后，在SmartArt的"设计"选项卡中找到"转换"按钮，从下拉菜单中选择"转换为形状"命令。

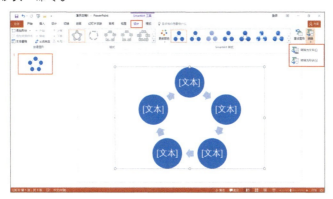

Step 3　这样一来，整个图形就被转换为了形状格式。我们可以像修改形状样式那样，删去图形中的箭头，仅保留圆形，同时修改配色。

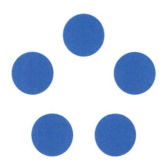

Step 4　在图形上添加各类小图标。注意，图标的风格、颜色要一致。

Step 5　按住Shift键画一个圆形，右键单击圆形设置形状格式，将"填充"项设置为"无填充"，形状轮廓设置为黑色，一个图示就制作完成了。

49

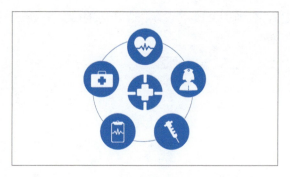

这里只是做了一个简单的示例，其他图形的美化步骤也都一样。将图示转化为形状，然后添加小图标，再修改配色，就可制作出各种模板中的效果。

2.6 "合并形状"功能在PPT中的应用

为了装饰页面或者代替文字，有时候需要用到一些图标类的素材。除了找现成的素材以外，我们也可以在PPT中自己动手制作。

Office 2010版本以后新增了"合并形状"功能。它不仅可以绘制图标，还有许多其他的作用。这个功能在哪里呢？选中形状，打开"绘图工具"菜单栏，在"格式"选项卡中就能找到。

第2章　PPT中常用的基础操作及功能详解

从上图中可以看到，"合并形状"功能中包括联合、组合、拆分、相交、剪除5个功能。那么每个功能都是什么意思呢？

以圆形和矩形为例，形状联合是将多个形状合并为一个形状。形状组合与形状联合类似，不同的地方是形状间的重合部分会做镂空处理。

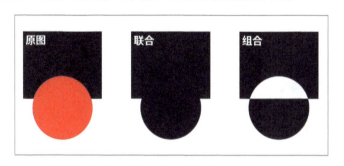

形状拆分则是将多个形状进行拆分，重合部分会变为独立的形状。形状相交是只保留形状之间重合的部分。形状剪除是用第一个选中的形状减去与其他选中形状的重合部分。

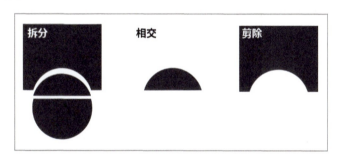

在这里用表格的形式做一个总结。将两个形状分为三部分，A是形状1，C是形状2，B是两者重合部分。

可以从上面的图中看到：

- 联合就是ABC完全融合，组合也是一样，只是B部分会镂空。

- 拆分则是将形状完全拆开，A、B、C完全独立出来。

- 相交则是只保留B部分。

- 剪除是第一个形状减去与其他形状重合的部分。

这里要特别强调剪除操作的先后顺序。先选中圆形和先选中矩形进行剪除操作后的效果是不同的。如下图所示，先选黑色则黑色不变，而先选红色则红色不变。

了解了基本的功能后，我们一起看一个简单的例子：在PPT中绘制齿轮图标。

Step 1　在"插入"选项卡中找到"形状"选项，分别插入一个十六角星以及一个圆形。

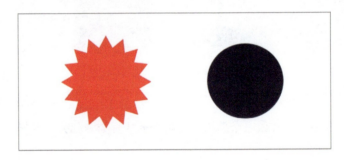

Step 2　选中这两个图形，在"绘图工具"菜单的"格式"选项卡中找到"对齐"功能，将两个形状执行"水平居中""垂直居中"操作，将两者叠放在一起并调整大小。完成后选中两个形状，执行"合并形状"-"相交操作"。

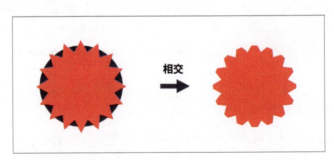

Step 3 在合并形状后的图形中央再添加一个圆形，一个齿轮图标就完成了。

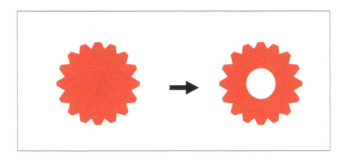

再举一个非常简单的例子，如何制作云朵图标。只要画若干个大小不等的圆形，将它们拼贴在一起，选中后执行"合并形状"－"联合"操作即可。

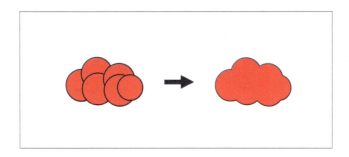

接下来分享一个比较难的图标的做法，可以让大家可以进一步熟练掌握合并形状功能。让我们来做一个下图所示的太极圆盘。

Step 1 首先分析这个图标的构成情况。在圆的中心位置添加两条辅助线，然后以大圆半径为直径，画两个小圆。这样可以更清楚地看到太极圆盘其实是由两个鱼钩形状所组成的。

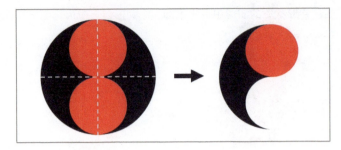

Step 2　明确这一点之后就可以进行制作了。按下图所示1、2、3的顺序选中图形，然后执行"合并形状"－"剪除"操作，得到下图右侧的图形。

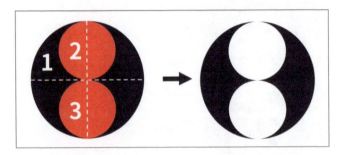

Step 3　逐个制作鱼钩形状。先插入一个矩形，遮盖住图形的半边，然后先选黑色部分再选矩形，进行剪除操作，得到下图所示只有半边的黑色形状。完成后将Step 1中用到的小圆放到缺口的位置，选中两者执行"合并形状"－"相交"操作。

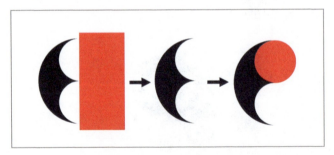

Step 4　完成鱼钩形状后，复制鱼钩形状并旋转180°，一个太极圆盘就做好了。

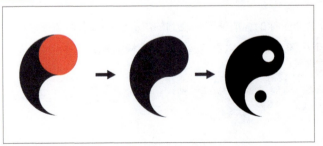

第2章　PPT中常用的基础操作及功能详解

通过合并形状，我们可以做出各式各样的图标，那究竟如何构思制作出好看的小图标呢？我们要学会给基础形状做加减法，并且制作前要在脑海中形成清楚的思路。

就像前面提到的云朵图标是由一个个小的圆形组合形成的，而齿轮图标则是由一个十六角星与圆形相减形成的。一定要学会给基础形状做加减法。

再例如下图中播放器的图标是由一个圆角矩形和一个正三角形相加组成的。类似的组合还有很多，不妨动手尝试一下。

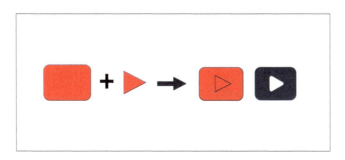

合并形状的第二个作用，是用来制作呈现表示逻辑关系的图表。如下图所示，这是四个并列的观点，像图片这样的呈现方式并不好看，索然无味。

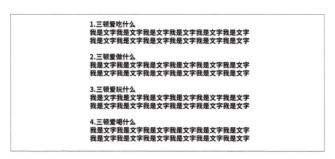

用"插入形状"功能来画5个圆角正方形，然后执行"合并形状"中的"拆分"操作，就可以做出右边这样的三个形状。

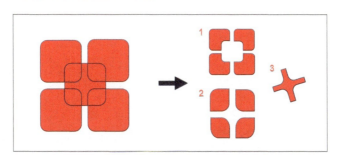

以第一个为例，对齐并添加文字和图标，完全可以生成一张非常清晰的图表。当然，另外两个也可以用来制作这类图表，不妨动手尝试一下。

合并形状的第三个作用，是与图片相结合。比如把图片和文字进行"合并形状"-"相交"的操作，可以轻松制作出文字标题的特效。

如果想要用形状的样式展现图片，以往我们的做法是"设置形状格式"-"图片填充"。其实"合并形状"-"相交"操作，也可以完成这样的效果。

以上就是"合并形状"功能在PPT中的三个作用。除此之外，关于"合并形状"，还有一些注意事项：

- 执行"合并形状"操作需要两个及以上的元素。
- 可以执行"合并形状"操作的元素类型：形状+形状、形状+图片、形状+文字。
- Office 2010仅支持形状与形状的合并，其他组合需要Office 2013及以上的版本。

如何用好"合并形状"功能？第一是要清楚原理，要知道联合、组合、拆分、相交以及剪除操作分别能实现什么效果。第二是思路要清楚，想清楚这个图标是怎么得来的，然后再动手去做。第三是"脑洞"要大，发挥想象力和创造力。

这个功能在本书的后面几个章节中还会频繁提到，大家一定要动手尝试一下。

2.7 音频/视频在PPT中的运用

"插入"选项卡中有很多常用的功能，比如插入图片、形状、图表等各类对象。除此之外，音频/视频的插入也是一个实用的功能。

2.7.1 关于音频/视频功能的简单介绍

在"插入"选项卡中找到对应的音频/视频命令，单击"PC上的音频"或"PC上的视频"命令，即可将事先准备好的音频或视频插入到PPT中。

插入后选中音频/视频，在功能区右侧就会弹出对应的隐藏选项卡。在选项卡中有哪些常用的功能呢？以音频为例，PPT已经具备了基本的音频处理功能，可以对音频进行剪裁、增加淡入淡出效果等。

PPT中视频的功能则更为强大。除了简单的剪辑之外，通过"视频工具"－"格式"选项卡，还可以像处理图片一样调整视频的亮度、对比度，并为视频添加各类边框效果等。

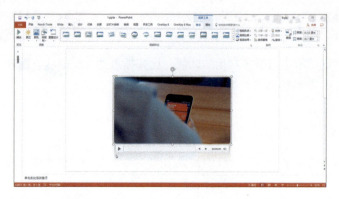

在"视频工具"-"格式"选项卡中,单击"海报帧"按钮还可以设置视频的封面预览图。

2.7.2 音频/视频在PPT中的各类应用场景

在用PPT制作相册、视频时,为了渲染气氛,会适当地添加背景音乐。这是音频在PPT中的主要作用。将音频设置为背景音乐的方法非常简单,在"音频工具"-"播放"选项卡中,直接单击"在后台播放"命令即可。

在"动画"选项卡中单击"动画窗格",在弹出的右边栏中右击音频,打开"播放音频"对话框的"效果"选项卡后还可以调整音频开始播放和结束播放的位置。

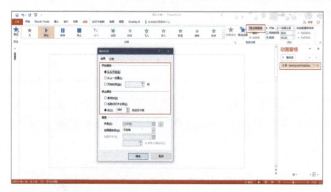

而视频在PPT中的作用更加多样。比如为了演示的无缝切换，可以直接将活动的开场、终场视频插入到PPT中，比如小米6发布会开场时用到的倒计时效果。

视频还可以更加直观地介绍产品、描述信息。下图还是以小米为例，其官网在介绍手机产品时，就是用视频来介绍其性能的。

除此之外，视频还可以作为PPT的背景，同样有着很好的视觉表现力。

以上就是对PPT中音频/视频功能的介绍。音频可以作为背景音乐，而视频不管是作为开场、介绍产品还是作为背景都有不错的效果。

当然，不管是用作什么样的用途，我们在插入音频/视频时，一定要注意格式的兼容性。一般在PPT中插入的音频使用wav格式，而视频则使用wmv格式。这两种格式可以最大程度地确保音频/视频的兼容性,在用其他电脑演示时也不会出错。

如果音频/视频的格式不对,可以用"格式工厂"这类格式转换软件将其转换为对应的格式。

2.8 关于PPT现场演示,4个你不可不知的注意事项

小到论文答辩、项目汇报,大到各种发布会,我们做的很多PPT都会用于现场演示,然而经常会有下面这样的情况出现。

辛辛苦苦在电脑上做好的页面效果,换台电脑之后不仅元素错位,而且字体也不翼而飞。

除此之外,我们在现场演示时,经常还会遇到诸如PPT无法打开、图片出现缺失等情况。那么为了避免出现这些情况,在现场演示中有哪些要注意的事情呢?下面我们一起来看一下。

2.8.1 页面尺寸的确定

大家都知道,PPT的页面尺寸最基本的有16:9和4:3两种,可以通过"设计"选项卡中的"幻灯片大小"按钮进行调整。根据场地的不同,需要用不同的页面尺寸。

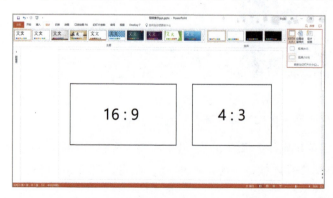

学校的投影幕布一般都是4:3的，如果用16:9的尺寸，那么在幕布上下都会出现黑边，影响演示效果。因此需要提前沟通好幕布的尺寸。

当然，如果觉得留有黑边也无伤大雅，那自然不是问题。如果是类似于发布会那样的大型场合，提前沟通好幕布尺寸非常重要。

图片来源：小米6发布会

除此之外，演示环境的确定也非常重要。比如发布会现场，整体环境较暗，那么PPT使用深色背景和白色字体搭配会更好。

图片来源：小米6发布会

我们平时用到的地点，如教室、会议室，一般用浅色背景和深色字体搭配会更好。色彩搭配不仅会影响演示效果，对现场拍摄的照片效果也会有所影响。

2.8.2 字体的保存

如果是用自己的电脑进行现场演示，那么字体自然不会出现太多问题，但是很多情况下，我们不得不使用现场配置的电脑进行演示。

这就会出现本节开头所述的问题，非常容易导致字体文件显示不出来。字体缺失的情况如何解决呢？

高效搞定PPT

最简单的解决方式是将字体文件嵌入PPT。打开"文件"选项卡，找到"选项"项，在弹出的窗口侧栏中找到"保存"项，在其中选中"将字体嵌入文件"复选框。

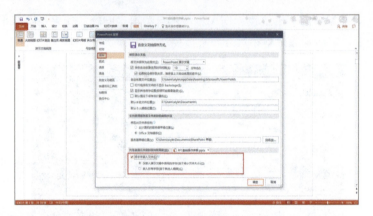

建议大家勾选"嵌入所有字符"项，虽然文件会增大但不容易出错。这种方法固然好用，但经常会出现下面图片中显示的这种情况。

我们可以选择第二种方法，选中文字，复制后粘贴为图片格式。

也可以使用2.6节中提到的"合并形状"功能，画一个矩形与文字重叠，然后先选文字后选矩形，进行"合并形状"－"剪除"操作。

第2章 PPT中常用的基础操作及功能详解

除此之外，还可以使用Fontcreater字体编辑器，彻底解决受限字体。使用方法如下。

Step 1　安装软件后打开已安装字体，选中要修改的受限字体。

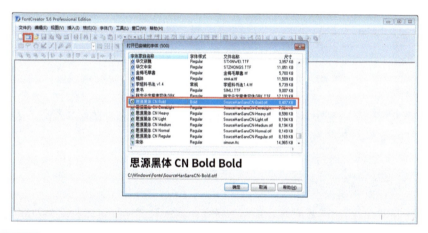

Step 2　单击格式设置，在"常规"选项卡中单击"编辑"按钮，从打开的对话框中取消勾选"受限制许可证嵌入"项。

63

Step 3 完成后另存为字体,重新导入字体库就可以了。

2.8.3 检查兼容性

PPT中有一个检查兼容性的功能,可以检测做好的作品是否存在不能被低版本兼容的情况。具体操作为单击"文件"选项卡,从"信息栏"中选择"检查问题"中的"检查兼容性"命令。

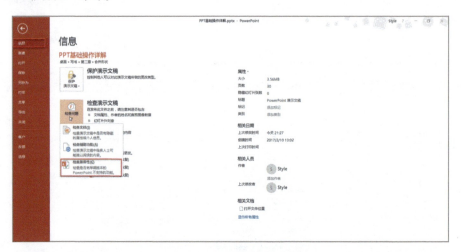

如果你用的是较高版本的PPT软件,而现场设备中PPT软件的版本较低,部分动画以及呈现效果无法显示,用兼容性检查就可以测试出来。

2.8.4 对文件进行备份

制作完PPT以后,还要记得对文件进行备份。一种方法是可以将文件复制到U盘、网盘等地方存储。另一种方法是,可以将PPT另存为PDF和JPG两种格式。万一现场PPT无法打开,还可以用图片或者PDF版本进行应急。

如何将PPT另存为其他格式呢?单击"文件"选项卡中的"另存为"按钮,在弹

第2章　PPT中常用的基础操作及功能详解

出的对话框中在"保存类型"列表中选择PDF或者JPEG格式，然后单击"保存"按钮即可完成转换。

除了备份以外，还有一点需要注意。如果在作品中设置了超链接，请将超链接的目标文件和PPT放在一个文件夹中，并且在演示前测试文件是否能够打开。

以上就是在现场演示中需要注意的三个问题，制作前确定页面尺寸和演示环境，制作时调整字体及其他格式的兼容性以及最后的文件备份。

做好这些准备工作，即可让你的现场演示万无一失。

Chapter 03

第3章
元素的美化与处理

一份完整的PPT，是由图片、字体、配色、图表这些元素组成的。只有掌握了这些元素的处理技巧，我们才能动手设计，做出高质量的PPT。

3.1 图片

我们常说,无图无真相、一图胜千言,图片在PPT的制作中起到非常重要的作用。以下面这张封面图为例。如果我们把图片去掉,单看文字,是不是就很难感受到雾霾的严重性了?

再例如这样一张互联网浪潮的PPT封面。如果把背景图片去掉,是不是就完全没有刚才的那种气势了?

从这两个简单的例子可以看出,如果图片用得不好,就会给PPT造成毁灭性的灾难。那如何在PPT中清晰美观地呈现图片元素呢?下面给大家做一个详细的解答。

3.1.1 配图的原因和图片的使用场景

1. 为什么要配图

配图的第一个目的,是为了好看。这个很容易理解,就是提升你PPT整体的表现力。配图的第二个目的,是解释说明你的文字内容。也就是说,图片是为内容服务的,是为了让文字和观点更加清晰,更加易于被观众所接受。

以下面这张图片为例,如果只有"苹果"两个字,那就存在歧义。它说的是平时吃的苹果还是苹果手机呢?

苹果

如果给它加上合适的配图，比如苹果的图片。嗯，这是能吃的苹果。如果加上手机的图标，则表明这苹果不能吃。由此可见，图片可以解释说明文字内容，使文字更易于理解。

2. 什么时候需要配图

呼应第一个问题，如果为了好看，那文字内容比较少或者页面比较单调的时候，就可以配上和内容相关的图片。如果为了解释说明，就在文字表现力不足的时候使用配图。还是举一个例子吧！如果光是这样的文字表述，你会直观地感觉到兴奋或嫌弃的情感吗？

兴奋/嫌弃

如果给它配上下面的图片呢，效果出来了吧？

3.1.2 图片的基本使用原则

在PPT中我们应该选择什么样的图片呢？下面介绍一些使用原则。

第一个原则是，我们所选用的图片一定要是高清无水印的。选的图片可以是风景、人物甚至是壁纸，只要和内容相关就可以。

第3章 元素的美化与处理

如果所选择的图片太过模糊，或者有很明显的水印，一下就会拉低作品的档次，产生廉价感。

例如，想表达豪车这样一个主题。显然右侧的图片更加美观，大家也能更容易记住你想表达的内容。

觉得这个例子很夸张？我们怎么会用这么模糊的图片？其实在网上随便一搜，就能找到很多像下面这样的案例。下图所示的图片千万不要用。

第二个原则是，配图一定要和文字相关联。如果配的是一张汽车的图片，而文字写的是"我骑自行车去上班"，显然图片与内容就毫无关联。

69

3.1.3 图片检索技巧

如何找到符合内容又高清无水印的图片呢？这里将分享一些搜图技巧。

举一个例子，如何想找一张主题是表达天真无邪的图片。如果直接搜索"天真"关键词，那么跳出来的内容大部分都是下图这样的。不仅质量参差不齐，也很难找到我们需要的。

第一个技巧是联想。

例如，想找一张表达天真的图片，其实不一定要搜索"天真"。可以联想一下，小孩是天真无邪的，对吧？我们把搜索关键词改为"儿童"，虽然还会得到质量不高的图片，但符合我们主题的图片会增加一些。

再举一个夸张一点的例子。如果想找一张有关成功的图片，搜索"成功"的结果惨不忍睹，完全和成功没什么关系。这时候怎么办呢？

还是联想法。关于"成功"我们会联想到什么？成功，成功的人，会想到乔布斯，会想到马云。用他们的图片表达成功那就再合适不过了。搜索"乔布斯"，得到的图片质量都是很不错的。

第二个技巧是多语言搜索。

例如，想找一些不同风格的饮料图片，可以怎么操作呢？如果直接搜索"饮料"，会得到下图所示的这些常见饮料的图片。

把饮料翻译成英文、韩文、法文，就可以得到很多不同国家、不同风格的图片了。

第三个技巧是跳出搜索引擎。

除了搜索引擎之外，我们还可以在很多地方找图片。比如现在想找一张主题是路由器的图片，直接搜索很难找到高质量的图片。怎么办呢？

既然是讲路由器，我们可以去一些路由器品牌的官网检索。下图就是小米路由器的官网，从中就能找到很多高质量的图片。在这种情况下获取的图片建议不要直接用在商业场合。

3.1.4 如何处理质量不高的图片素材

在实际制作中有这样一类素材，它们能够恰到好处地表达想要的主题，但质量不高，没法直接用到作品中去。又或者是一些活动、产品照片，像素很低，却非要求你插入到PPT中。怎么样才能既用上切题的图，又保证作品的质量呢？可以通过下面的办法来解决问题。

1. 以图搜图

很多搜索引擎都具备以图搜图的功能，能帮助我们找到类似的图。比如这样一张图片，本身特别模糊，大小也只有10KB，如何用它来找到清晰的大图呢？

Step 1　我们单击搜索引擎右侧的"相机"按钮上传图片，就会弹出下图所示的页面。

Step 2　单击"更多尺寸"，然后选择由大到小排序。

第3章 元素的美化与处理

Step 3　单击尺寸最大的那张图片，打开后下载即可。如果还是觉得图片质量不高，可以继续单击右侧的"识图一下，发现更多"按钮，不断地缩小搜索范围，直到找到高质量的图片素材。

2. 使用PhotoZoom图片放大工具

以图搜图也不是万能的，有的图片无法通过这种方法来找到合适尺寸的图片。这时候，我们就需要自行对图片进行放大处理。这里推荐一款图片放大工具——PhotoZoom。

它利用插值算法，分析相邻像素点来对图像进行处理。

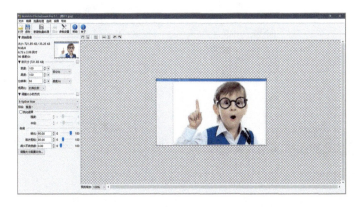

3. PPT图片处理工具

本书2.2节提到的PPT自带的图片处理功能也可以对图片进行简单优化。例如：调整图片的亮度、对比度，能在一定程度上提高图片的质量。除此之外，还可以尝试使用"颜色"右侧的"艺术效果"功能进行处理。

当然，如果你精通修图，用专业的修图软件进行处理，会得到更好的效果。

4. 合理的图文排版

如果图片是用于排版的话，合理的排版也能带来视觉效果的提升。例如，将图片剪裁为形状，尝试Windows 8风格的排版，或者尝试在图片上方加一个色块来调整视觉中心，都能减少模糊图片造成的影响。

3.1.5 专业图片素材网站推荐

处理和使用劣质图片，只是不得已而为之，使用高质量图片制作PPT，才是王道。这里推荐几个高质量的图片素材网站。

资源3-01 摄图网（www.699pic.com）

摄图网是国内的一个图片素材网站，打开速度很快，其中图片的质量也都不错，而且所有图片都是可以商用的。

资源3-02 pixabay（pixabay.com）

这也是一个无版权可商用图库，是一个国外网站。其优点是图片量非常大，而且分类清楚，缺点是质量参差不齐，需要大家仔细辨别。

资源 3-03 PEXELS（www.pexels.com）

这也是一个国外网站，但相比于 pixabay 质量更高，但数量少很多。

3.2 字体

一份PPT中不可能没有文字，字体在PPT中有非常重要的作用。那字体使用有什么原则？什么时候该用什么样的字体？这一节我们一起来了解一下。

3.2.1 字体的基本使用原则

和图片一样，在字体的使用上同样也有一些基本原则。

第一点，少用宋体。

并不是说宋体不好，而是这种字体很难把控。一不小心就会做出下图所示的效果，特别局促，不好看。除了宋体之外，系统自带的一些字体，比如华文彩云、华文新魏等，也建议尽量避免使用。

第3章　元素的美化与处理

第二点，少用艺术字体。

PPT都已经更新到2016版本了，默认的艺术字体，既过时又不好看，应尽量避免使用。

第三点，一个页面中不要使用超过3种字体。

每种字体的风格都不尽相同，使用太多字体会造成页面混乱，阅读起来也非常吃力。就比如下面这个页面，字体种类很多，太过花哨并不好看。

3.2.2　多使用安全字体

这个字体不让用，那个字体也不让用，那在制作PPT的时候到底该用什么字体呢？

这里提一个建议，在刚刚学做PPT的时候，最好使用黑体这类安全字体。使用这类字体至少可以保证PPT不会出错，无论怎样做出的页面都不会太丑。

微软雅黑　　　　　　思源黑体
微软雅黑 Light　　　冬青黑体
方正兰亭黑简体　　　方正兰亭超细黑简体

例如，锤子手机的官网，很多页面用到的就是方正兰亭超细黑简体。

另外一种黑体，思源黑体，在呈现大段文字内容的时候，有非常不错的表现力。

3.2.3 常用中英文字体推荐

这里推荐一些比较常用的中英文字体。首先推荐的是，适合用在封面或者标题部分的字体。例如，下图的叶根友行书繁体（图片中间部分的书法字体）。

除了这些字体以外，不管是什么页面，用安全字体总是没有太大问题的。例如，

下图所示的封面用的是微软雅黑字体。

如果把这些字体换成宋体，整个页面效果就大打折扣了。

除此之外，还有几款适合用作标题的字体也值得推荐。

在正文内容的字体选用上，不建议使用书法字体或是卡通字体。这些字体会让页面显得过于花哨。刚刚提到的安全字体，用在正文部分也是一个很好的选择，既简洁又美观。

除了中文字体以外，还有几款比较不错的英文字体，也在这里做一个推荐。前三个适合正文，后三个适合标题。

3.2.4 字体相关素材网站推荐

我们在哪里可以找到可供个人使用的字体呢？

资源 3-04 求字体网（www.qiuziti.com）

如果看到一些好看的字体，却不知道叫什么名字，可以用这个网站来检索。

资源 3-05 字体管家（软件）

字体管家是一款相对比较全面的字体管理软件。它可以备份字体，方便更换电脑后重新安装。和字体管家类似的，还有一款叫作"字由"的软件，也可以尝试用一下。

第3章 元素的美化与处理

资源 3-06 字体相关公众号

这里要强调的是，很多字体都是有版权的，如果你制作的PPT用于商业用途，请务必购买正版字体。如果是个人使用怎么办呢？各大著名的字库，比如方正、汉仪等，都有自己的微信公众号，在里面提供了供个人非商用的字体下载。感兴趣的话可以去找一找。

3.3 配色

在这一章中主要介绍的是PPT中常用元素的处理，如果要问这些元素处理中哪个最难，无疑就是配色了。前面已经介绍了图片、字体元素的处理技巧，下面接着介绍配色。

不仅是处理PPT，我们在其他的设计工作中、在日常生活中都会遇到配色问题。如果配色处理不好，很容易做出像下图这样的效果。配色鲜艳，连字都看不清楚，怎么看怎么丑。

3.3.1 配色的基本原则

在具体配色前，有几个原则需要特别注意。

第一个原则，在做PPT的时候，不要使用过亮的颜色。为什么呢？盯着这种高纯度、高亮度的颜色看，眼睛会觉得特别难受。适当降低颜色的亮度和纯度，视觉效果就会好很多。

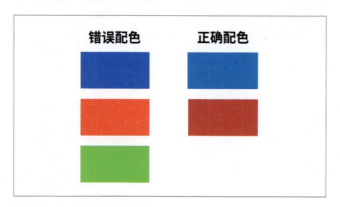

第二个原则，作为新手，不要自己动手去做配色。如果没有经过学习，或者只经历过不长时间的PPT制作练习，是很难掌握配色诀窍的。

3.3.2 PPT新手要学会偷配色

如果自己不动手配色，谁来帮我们完成这个工作呢？这里分享一个新手必备的配色技巧，偷配色。

什么是偷配色呢？就是通过PPT中的取色器功能，借鉴其他作品中好的配色。例如，可以从党政风的模板中，吸取党政主题的配色。

也可以从商务风的模板中,吸取商务主题的配色。

那么,我们需要购买模板,然后吸取其中的配色吗?完全不需要。在PPT中选择取色器后,长按鼠标左键就可以吸取PPT外的配色并为我们所用了。

除了借鉴模板中的配色外,企业、网站的LOGO也是一个借鉴配色的好选择。为什么这么说呢?LOGO代表着一个公司、一个企业的形象,通常配色都是非常规范的。

这些配色如何用到具体的PPT中呢?还是举一个例子进行说明。刚刚从谷歌的LOGO中吸取的配色,我们可以通过非常简单的搭配,做出下面这样的效果。每一个图标都用不同的颜色,也丝毫没有杂乱的感觉。

除此之外，还有一些好的设计的配色，比如海报、名片、宣传册的配色，都可以作为借鉴的对象。在哪里找到这些好的设计呢？网站。前面分享了很多设计灵感类的网站，比如花瓣网，从网站的设计作品中就能找到好的配色案例。

从模板、LOGO、设计中获取的配色，除了即拿即用外，还可以建立一个配色方案库。

把好的配色用形状保存在PPT中，下次制作的时候，就可以直接使用这些收集的配色。

3.3.3 配色的原理及应用

偷配色是一个非常好的方法，但我们的最终目标还是自己进行搭配。那么，也就有必要了解一下PPT配色的原理。

在PPT中，配色就是由背景色、字体色、主色以及辅助色这样4种颜色组成。背景色、字体色很容易理解，PPT的背景颜色就是背景色，字体颜色就是字体色。

像发布会这样的场合，为了便于摄影以及保证良好的现场效果，一般以深色作为背景色。工作汇报、答辩，则适合用浅色作为背景色，深色作为字体色。

那什么是主色，什么是辅助色呢？主色就是一个作品中每个页面的主基调，最主要的那种颜色，而在一份作品中少数页面才会用到的颜色叫作辅助色。

例如这样一份作品，它的主色就是紫色，而灰色则是它的辅助色。

主色该如何确定呢？一般有三种情况。

第一种，可以参考LOGO、企业VI色这类的配色，比如小牛电动车的LOGO是红色的，在做介绍这款电动车的PPT时，就可以以红色作为主色。

第二种，根据内容以及所处行业进行配色。例如，要做环保、新能源主题的PPT，就可以用绿色作为主色。

第三种情况，对于没有特定要求的，我们可以用偷配色的方法选择配色。例如，下图所示的这份PPT用了三种主色作为配色方案。

3.3.4 配色工具及相关网站推荐

哪里可以找到高质量的配色方案呢？这里推荐一些配色网站。我们在了解了基本的配色原理后，应用这些网站中的配色方案，就能解决配色问题。

资源 3-07 ColorBlender（http://colorblender.com/）

在这个网站中，只需要输入主色的RGB数值，就可以生成相应的配色方案，可直接应用到PPT中。

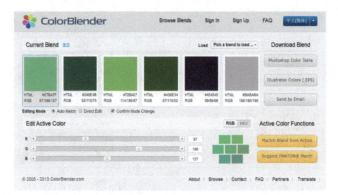

资源 3-08 Adobe Color CC（color.adobe.com）

这是Adobe官方做的一个配色网站，采用的是色轮取色的形式，同样可以非常方便地形成配色方案。

第3章　元素的美化与处理

资源 3-09 BrandColors（brandcolors.net）

为了借鉴LOGO上的配色，我们需要找到足够多的LOGO，逐个去找非常麻烦。Brandcolors已经帮我们完成了这项工作，很多知名品牌LOGO的配色方案都已收录其中。

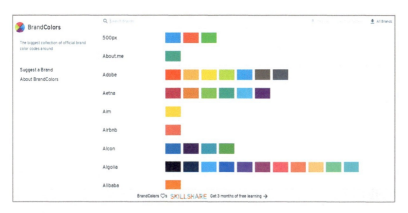

资源 3-10 Color Hunt（colorhunt.co）

如果没有特殊要求，不需要按企业色、行业色进行配色的话，推荐去这个网站。它内置了很多不错的配色方案，直接用取色器吸取就可以使用。

3.4　表格与图表

我们常说，字不如表。在做PPT的时候，经常会用图表来呈现数据、表达观点。好看的图表，不仅可以让作品清晰美观，还可以让观点更具说服力。

图表并不是塞到PPT里就行，很多人做出来的图表是下面这样的，大小不一、配色混乱，有的连数据都看不清。

87

高效搞定PPT

有没有办法可以提升图表的清晰度和美观性呢？当然有。下面就分表格和图表两部分详细进行介绍。

3.4.1 PPT中表格的处理与美化

如果仔细观察上一个案例中的表格部分，会发现这些问题：用了系统自带样式，表格大小不一致，随意更改配色等。

我们经常会遇到这种情况，一个页面上就一个小标题和一个表格。如果像下图这样布局，表格本身简陋，整体的排版也不好看。这里就以这张简单的表格为例，具体讲一讲表格的美化与处理。

如何美化这张表格

	2015	2014	2013	2012	2011
资产利润率指标	1.25%	1.36%	1.40%	1.39%	1.38%
主营业务利润率	37.70%	39.94%	42.20%	41.93%	42.62%
总资产周转率	3.30%	3.41%	3.35%	3.38%	3.30%

Step 1 首先需要将表格的大小调整到铺满版面中心部分。

第3章 元素的美化与处理

第一步：调整整体大小

	2015	2014	2013	2012	2011
资产利润率指标	1.25%	1.36%	1.40%	1.39%	1.38%
主营业务利润率	37.70%	39.94%	42.20%	41.93%	42.62%
总资产周转率	3.30%	3.41%	3.35%	3.38%	3.30%

为了方便展示，这里画了几条虚线，虚线内侧的区域就是版面的中心。选中表格，拉伸直至铺满版面中心。

第一步：调整整体大小

	2015	2014	2013	2012	2011
资产利润率指标	1.25%	1.36%	1.40%	1.39%	1.38%
主营业务利润率	37.70%	39.94%	42.20%	41.93%	42.62%
总资产周转率	3.30%	3.41%	3.35%	3.38%	3.30%

对于数据较多的表格，或者两三个表格放在一个页面中的情况，处理方法也是一样的。用居中、对齐等方式，把它调整到版面中心位置。

Step 2　接下来，我们需要美化一下表格。在"表格工具"－"设计"选项卡中，有很多系统自带的样式，一键就可以美化图表。

高效搞定PPT

当然，表格整体的配色和样式，是要根据你的PPT的整体风格决定的。如果自带样式中没有你想要的配色或样式，也可以通过"表格样式"栏右侧的"底纹"和"边框"选项进行调整。

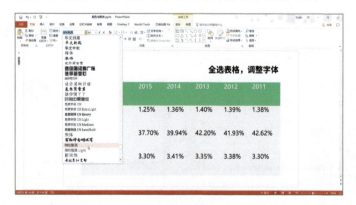

Step 3 调整配色和样式后，需要调整的是文字部分的字体以及字号。前面提到过，在PPT中尽量使用微软雅黑这类安全字体，表格中的字体也是如此。

Step 4 在修改完字体后，接下来需要调整布局。在"表格工具"中的"布局"选项卡中找到平均分布行列、水平居中以及垂直居中这样几个选项，用它们来调整布局。

第3章 元素的美化与处理

如上图所示，相比于原先的表格，是不是美观清晰了很多呢？这样几个步骤操作起来并不会花费太多时间，但能起到非常好的效果。

3.4.2 PPT中图表的分类与应用场景

除了表格，柱形图、饼图、折线图等图表，也是我们实际工作中经常需要处理的。

什么是柱形图，折线图长什么样？我们有必要先理清楚这些图表的定义，以及它们各自的应用场景，便于正确合理地使用它们。

图表类型	作用	应用场景
柱形图	反映分类项目之间的比较，也可以用来反映时间趋势	各分公司销售额比较
折线图	用来反映随时间变化的趋势	1年中12个月的销售额变化
饼图	用来反映构成，即部分占总体的比例	市场份额占比、经营收入的结构
散点图	用来反映相关性或分布关系	员工的工资与学历间是否存在关系

柱形图主要反映项目之间的比较，比如各地区市场份额的比较。

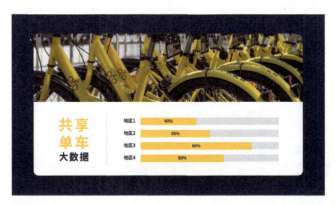

折线图的主要作用，是反映随时间变化的一个趋势，比如1年中12个月销售额的变化，又比如下图这样的充电量随时间的变化。

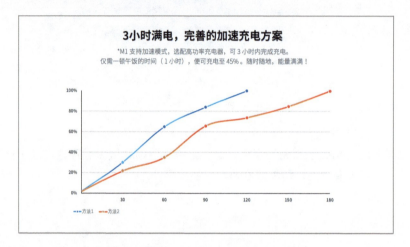

饼图的主要作用是反映构成情况，也就是部分占总体的比例。比如市场份额占比、经营收入结构等，都可以用饼图来表示。

而散点图呢，它主要用来反映相关性或者分布关系。比如员工的工资与学历之间是否存在关系。散点图并不常用，我在这里也就不做展开介绍了。

3.4.3　PPT中图表的基本美化与处理

了解了不同类型图表的应用场景之后，就要对这些图表进行美化了。很多人做出来的图表是像下面图片展示的这样的，简单地套用系统格式草草了事，甚至有些人连这样的效果都做不出来。

第3章 元素的美化与处理

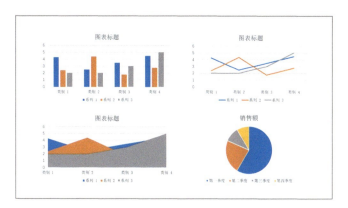

那有什么办法可以让图表变得好看一些呢？可以对图表进行美化与处理。

以下面这张图表为例，这张图表很好地诠释了"越用心越丑陋"这种现象，该图表用了过多的装饰元素。

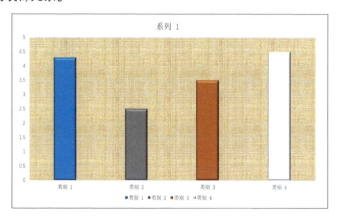

图表处理的核心思想就是去繁就简，删去多余的元素，合理使用字体以及配色。下面我们以上图所示的表格为对象，进行图表的美化。

Step 1　去掉装饰性的元素，比如背景、柱形的立体效果。

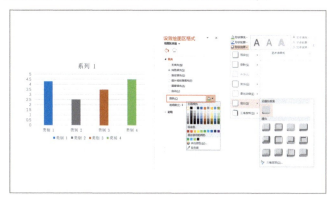

93

Step 2 对图表的字体以及配色进行修改，具体的样式可以参考3.2节与3.3节中提到的效果。

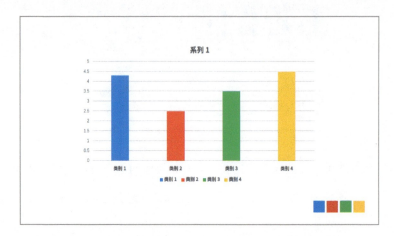

Step 3 删去多余的图例。比如这里的横坐标轴与图例就是重复的，完全可以删去。在一些内容页上，为了排版的需要，标题和网格线甚至也可以删去。

删除的方式也非常简单，选中图表后，单击图表右侧的加号，将"图例""网格线""纵坐标轴"选项取消勾选即可，当然你也可以直接选中图例、网格线等按Delete键删去。

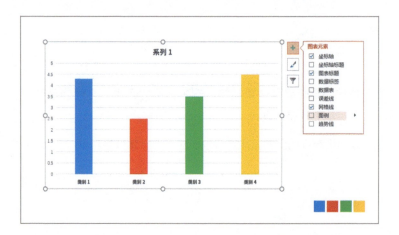

完成了删去多余元素、合理配色、合理选用字体这些基本的处理，已经可以说是一个合格的柱形图表了。这一系列操作，也不会花费我们太多时间。

其他类型图表的处理也是同样的，先删除多余的内容，后设置字体和配色，就能做出效果不错的图表。大家不妨动手尝试一下。

3.4.4 在图表中还有哪些进阶美化技巧

除了基本的美化技巧外,在这里再介绍一些进阶的图表美化技巧。给大家展示一些完成后的作品,这类图表我们通常称之为形状填充型的柱状图。

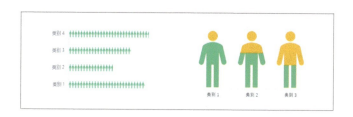

那么它们是怎么做出来的呢?以左边纵列类别1、2、3、4的小人为例,我们一起来制作一下。

Step 1 素材准备。用到的是一个经过基本处理的图表,以及一个贴近你图表主题的小图标。比如这里统计的是粉丝所在地,那么就可以用一个小人的图标。

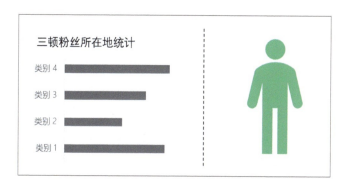

Step 2 选中小人图标,将其复制(Ctrl+C),再选中灰色的柱形图,进行粘贴(Ctrl+V)。

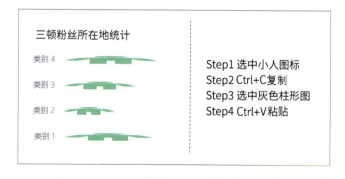

Step 3 选中图表后,右键单击,选择"设置数据系列格式"命令,在"填充"选项中将"伸展"改成"层叠"。完成后即使再修改数据,形状也会跟着一起变化。

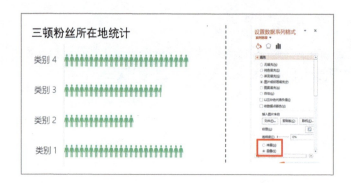

除了图标以外,各种形状也适用于复制粘贴法美化图表。

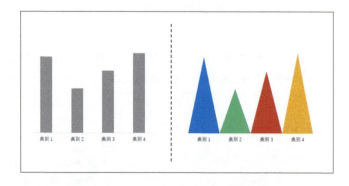

双色小人图标的实现方法依然是用复制粘贴法,具体实现方式如下。

Step 1 在"插入"选项卡中找到"图表"按钮,插入一个簇状柱形图,按照刚才介绍的方法对图表进行基本处理。

Step 2 右键单击柱形图设置数据系列格式,打开菜单后在"系列"选项中将"系列重叠"值调整为100,这样两个柱形图就重叠在一起了。

第3章　元素的美化与处理

Step 3　准备小人素材，复制两个相同的小人，将其颜色进行相应调整。此外，我们还需要调整柱形的宽度和高度，保证与图标素材一致。

使用前面介绍的复制粘贴法，分别替换两种颜色的柱形图。同样，最后右键单击小人设置数据系列格式，在"填充"选项卡中修改"样式"为"层叠并缩放"。下面的数值根据实际情况进行调整，这里设置的数值为2。最后得到的效果如下图所示。

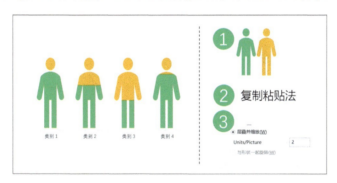

小技巧：单击一次图表，是选中其中的某一个系列，比如黄色或绿色。单击两次，则是选中这个系列中的一个元素。

除此之外，复制粘贴法也可以应用到折线图的美化中去。

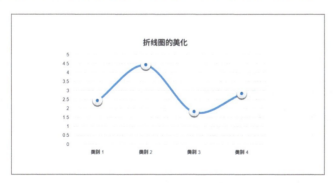

图表的美化技巧还有许多，如果要详细展开去讲，一本书也写不完。因此这里只做简单介绍，如果你对这块内容感兴趣，可以扫码查看我之前写过的一篇文章。

3.5 排版

前面介绍了很多PPT中元素的处理技巧。不管如何处理，这些元素最终都要经过排列组合，呈现到页面上。排列组合这样一个过程就是排版，好的排版可以让信息更好地被读者所理解和接受。

那究竟如何做好排版呢？

在《写给大家看的设计书》这本非常经典的图书中，提到了排版的四个基本原则，分别是亲密、对齐、对比和重复。这四个原则同样适用于PPT的制作。

如何理解？先来看定义。

- 亲密：彼此相关的项，应该靠近，归组在一起。
- 对齐：每个元素都应当与页面上另外一个元素有某种视觉联系。
- 对比：如果页面上的元素不相同，那就干脆让它们截然不同。
- 重复：让视觉要素在整个作品中重复，以实现风格的统一。

接下来用具体的例子来讲一讲这四个排版的基本原则。

3.5.1 亲密

亲密指的是把彼此相关联的元素放到一起，让画面看起来有序并且逻辑关系清晰。其实它就是一个分类的过程，来看下面这个例子。

第3章 元素的美化与处理

```
铁锅            油炸食品         零食
水果            我是食物         我是厨具
        灶台             抽油烟机
```

大家能一眼看完这个页面讲了哪些东西吗?显然并不能,整个页面上的文字随意排列摆放,让人完全抓不到重点。

如果适当地进行排版,把彼此相关联的内容放在一起,是不是整个页面就会清晰很多。

```
我是食物         我是厨具
水果             铁锅
零食             灶台
油炸食品         抽油烟机
```

这就是亲密原则,将彼此相关的项归组到一起。

再看看下面这样的页面。从亲密性的角度来看,这个页面的确是把相关联的内容归组到了一起,可是为什么看上去仍然并不好看呢?

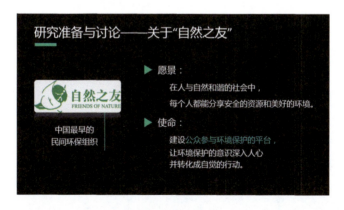

其实,就是因为这个页面的排版还并不够亲密。虽然"愿景"和"使命"进行了归组,但左侧的LOGO被孤立了出来,看起来非常奇怪。

如果将页面内容重新归组，同时配色修改为和主题相符的绿色，是不是整个页面看起来就好了很多呢？这就是一个亲密原则的实际应用。

3.5.2 对齐

对齐，是指每个元素都应当与页面上的另一个元素有某种视觉联系。这句话看似很拗口，其实就是在排版的时候，要注意不能造成阅读障碍。在这一点上，和亲密性类似，就是要做到元素的"有序"。还是举一个例子，像这个页面，阅读顺序非常混乱，要看完这几句话，眼珠得左右来回转。这就在无形中给阅读者造成了阅读障碍。

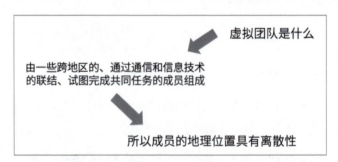

如果这里采用对齐的方式，这种障碍就随之消失了，整个页面也会更加有序。

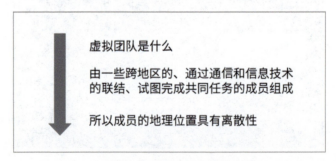

和刚才的例子类似，这个页面中的元素东一块西一块，标明一下阅读顺序后就很清晰了。

第3章 元素的美化与处理

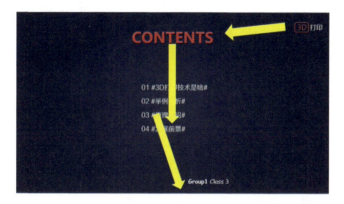

如果我们做一些改动，将所有的内容居中，整个页面看起来就会有序很多。

3.5.3 对比

对比的目的是为了突出重点内容，加深读者的印象。常见的对比有颜色对比、字体大小对比等。像下面这个页面用到的就是字号的对比，目的是突出我爱三顿这样一个主题。

像下面这个页面，标题和正文内容的字体大小做了一个差异化的处理，也是常见的对比原则的应用。

再比如下面这个页面，是通过改变颜色以及字号来突出内容的。

当然有一点要提醒大家，使用对比一定要对比得彻底。如果对比并不明显，就很难达到我们想要的效果了。

3.5.4 重复

重复强调的是整个PPT作品的统一性，包括整体的版式、配色、背景等。就比如下面这个例子。通过重复整体版式、配色、背景、字体等，可以让整个作品具有整体性和连贯性，让读者清晰地感觉到每一页并不是独立存在的。

第3章　元素的美化与处理

当然重复不局限于整体风格的重复，也可以是当前页面内文字样式的重复。统一的段间距、图标样式、字体以及配色方案等，都是必要的。

3.6　模板

套用模板来制作PPT是一个好方法，可以节省大量时间，然而好模板不好找，网上较多的是下面这样质量不高的模板。

那如何找到好看的模板呢？下面就为大家推荐一些常用的模板素材网站。

3.6.1　高质量的免费模板素材网站

这里推荐一些非常好的模板网站，有免费的也有付费的，可以满足大家日常对模板的需求。下面先介绍一些免费共享的模板素材网站。

资源 3-11 OfficePLUS（www.officeplus.cn）

这是微软官方的模板素材网站，不仅质量高，而且各种风格的模板都有，非常全面。顶部准备了专题推荐，下方还有下载排行以及相关的干货文章推荐，可以帮助大家轻松地找到高质量的模板。除了模板以外，这个网站上还提供了大量的简历以及图片素材下载。

资源 3-12 逼格PPT（www.tretars.com）

这是一个个人博客网站，提供的都是博主自己制作的PPT模板，大部分模板都分为免费和付费两个版本。模板数量不多，但质量都还不错。

除了模板之外，这里还有很多高质量的文章教程和PPT相关的软件分享，非常实用。

资源 3-13 群殴PPT（qunoppt.com）

这个网站上有很多PPT爱好者上传的作品。单击页面上方的"灵感按钮"，能找到非常多的精选作品，全部都提供源文件。

资源 3-14 优品PPT（ypppt.com）

这个网站上分享的模板质量都不错，特点是分类非常清晰。图表、背景图、小图标素材都可以在这个网站找到。

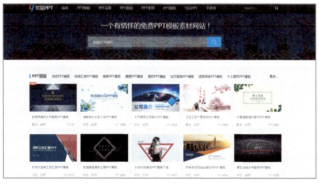

以上四个是首要推荐的免费模板下载网站。此外，还有很多素材网站，也值得我们去淘一淘。比如PPTFans（www.pptfans.cn），这是一个主打PPT教程的网站。教程的质量都很高，想要系统学习PPT的小伙伴可以去翻一翻。另外，找个PPT（www.zhaogeppt.com），同样汇集了很多模板，但是质量参差不齐，需要仔细鉴别。

上面是免费的网站推荐，对高质量的付费模板网站，我们同样做一个推荐。

资源 3-15 演界网（www.yanj.cn）

演界网可以说是国内PPT网站的"一哥"，汇集了大量PPT设计师的优秀作品。演界网中除了付费模板之外，也有很多免费的高质量素材，但需要仔细去查找。

资源 3-16 PPTSTORE（www.pptstore.com）

这个网站提供的付费模板都出自专业PPT设计师之手。

资源 3-17 Graphicriver（graphicriver.net）

这是一个国外的素材网站，其中有很多高质量的PPT模板。不一定要买，可以借鉴和学习。

3.6.2 如何自己动手找模板

除了可以使用推荐的网站下载模板以外,也可以自己动手找到高质量的模板素材。下面就介绍几个简单的找模板技巧。

第一种,微信搜索。

这是一个大家经常会忽略的功能,其实这个功能非常强大,可以用它来搜索模板素材。

第二种,filetype命令。

在搜索引擎中输入并搜索"搜索关键词+空格+filetype:ppt",就可以找到大量的PPT文件。

第三种,网盘搜索工具。

通过工具检索别人存放在网盘中的PPT模板。这种搜索方式搜索出来的模板数量会很多,高质量的模板需要仔细去筛选。

使用上面这些方法,可以搜索出大量的PPT模板,搜索出的模板网站也是多如牛毛。那么,怎么选择适合自己的模板素材网站呢?

这里推荐几类使用组合。

第一类,有预算并且着急使用。

比如,公司里要做一个非常重要的PPT,时间非常紧张,那么推荐在PPTSTORE或者演界网搜索模板。虽然大部分模板都是付费的,但可以保证模板的质量。

第二类,没有预算但着急使用。

这种情况下,推荐到OfficePLUS网站检索素材,可以说它是目前免费模板素材网站中质量最高的一个。除此之外,演界网上也有免费的模板素材。在OfficePLUS网站上检索的同时,也可以去演界网淘一淘。

第三类,没有预算也不着急使用。

如果是这种情况,建议平时养成积累模板素材的习惯,通过不断积累优秀模板素材,也能在一定程度上提高PPT的审美水平。

3.6.3　PPT模板的使用原则与技巧

前面提到,在时间、技术有限的情况下,套用模板来制作PPT是很好的选择。套用模板需要技巧,不知道怎么套用,也会浪费大量时间。甚至套用了模板,最后呈现的效果却不尽如人意。

为了得到好的PPT,在模板使用上给出一个建议:先确定模板主体的框架。

框架主要包括封面页、目录页、过渡页、内页、结束页这几个部分。从下图中可以看到，如果我们只是添加文字、修改颜色，整个页面也没有变得特别难看。而一旦修改了整体的框架，如改变了背景色，美感就荡然无存了。

因此，在具体套用模板时，确定框架很重要。具体怎么做呢？以下面这个PPT模板为例。

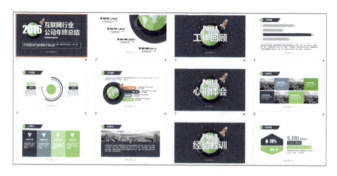

Step 1　对它的框架结构进行提炼。比如，这里把封面页、目录页、结束页以及过渡页全部提炼出来。提炼后明确一点，这些提炼的内容的版式、配色等都不能改动，使用的时候只需要改变文字部分。

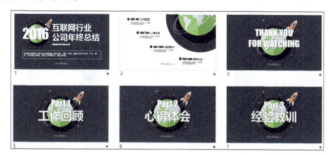

Step 2　对内页进行提炼。忽略内容，把框架和版式提炼出来。

Step 3 确定风格样式。接下来就是字体、配图、配色的使用。在套用模板的时候，要对这些元素的使用做一个规定。

我们可以按3.3节中提到的技巧，从模板中提取主题色，在具体制作时严格按照这个配色。除此之外，还要确定使用的字体，可以沿用模板中的字体，也可以由整体风格决定。

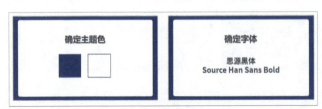

另外，在套用模板时不要被一套模板框死。确定一个你主要套用的模板，在保证配色、字体这些元素不变的情况下，把其他模板中好的元素，比如好看的表格、图表搬到你的PPT中去，也是一个非常好的选择。

3.7 素材

经常有人找我诉苦，在制作PPT的时候找不到合适的素材。也有很多人找到了优秀的素材网站，却不知道怎么用它们建立自己的素材库。

在这一节中，我将推荐一些常用的素材网站，同时分享一些素材的整理技巧。

3.7.1 PPT相关素材网站推荐与汇总

1. 图片素材

在3.1节中已经推荐了摄图网、pixabay以及PEXELS这样三个网站。除此之外，还有其他一些高质量的图片素材网站，这里罗列一下。

资源3-18 wallhaven（alpha.wallhaven.cc），高清的壁纸素材网站，图片质量毋庸置疑。

资源3-19 Gratisography（www.gratisography.com），一位国外摄影师的个人网站，其中有很多夸张风格的人物素材图片。

资源3-20 泼辣有图（polayoutu.com/collections），每期都会选出十张图片，每张图片后附有图片相关的说明，可以清晰地了解图片的应用场景。

资源3-21 Foodiesfeed（foodiesfeed.com），看名字就知道这是一个有关美食的

第3章　元素的美化与处理

图片素材网站，可以说是吃货的天堂。虽然部分高清图片需要付费，但小图的质量也很不错。

资源3-22 Pixite（source.pixite.co），这个网站收集了很多艺术感很强的小众图片，有风景、有建筑，分类也比较清楚。

2. 图标素材

经常可以看到像这样用图标堆砌出来的页面，非常好看。常用的图标素材网站，这里也做一个推荐。

资源3-23 Iconfont（www.iconfont.cn）

这是阿里巴巴官方的图标素材库，我认为是目前最好的图标素材网站。图标数量非常多，还支持批量下载和在线修改颜色。

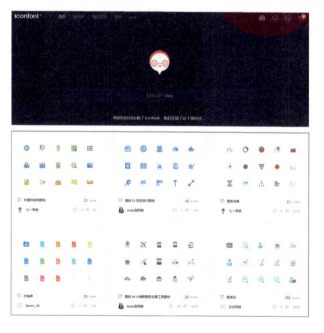

111

资源 3-24 easyicon（www.easyicon.net）

这也是一个非常出色的图标素材网站。PPT制作中图标的统一性非常重要，而它的特点就是在图标页中还可以找到与之类似或同系列的图标。

资源 3-25 IcoMoon（icomoon.io/app）

IcoMoon网站中的图标素材以黑白为主。虽然数量没有前面介绍的两个网站多，但是功能性很强，支持一键批量下载、转化为字体文件。

3. 字体素材

关于字体，版权问题我们需要特别注意。方正系列、汉仪系列字体，大部分都是有版权的，使用不当容易侵权。Windows操作系统自带的微软雅黑，方正拥有其版权。用微软雅黑在自己电脑中做PPT，没有问题。它是系统自带的，微软已付费。如果将它用于海报、广告等商业用途，就涉及侵权。

因此，这里推荐一些无版权可商用的字体。

第3章 元素的美化与处理

资源 3-26 思源黑体/宋体

这是由Adobe和Google一起开发的一套开源字体，根据字体的许可证说明，完全可以商用。我做的很多PPT页面都用到了这款字体。

在3.2节提到过，这种字体在大段文字的呈现上有很好的表现力。

除了思源黑体外，Google前一阵又发布了一款新的字体，叫思源宋体。以前总觉得宋体不好看，现在我们有了更好的选择。

资源 3-27 其他可商用中文字体

除了思源字体，在这里再罗列一些无版权可商用的字体。数量不多，但也有非常多的应用场景。

站酷系列（适合海报制作）：站酷黑体、站酷快乐体、站酷意大利体、站酷高端黑。

方正系列（适合正文排版）：方正楷体、方正黑体、方正仿宋、方正书宋。

文泉驿系列（适合正文排版）：文泉驿正黑、文泉驿等宽正黑、文泉驿微米黑、文泉驿等宽微米黑。

最后，再推荐一个综合的PPT素材导航网站。

资源 3-28 HiPPTer（www.hippter.com）

这是一个综合的PPT素材导航网站，收录了大量有关PPT的素材网站。不管是图片、配色、模板都能找到很多相关的网站。如果觉得前面推荐的素材网站太多，收藏起来麻烦的话，收藏这一个导航网站就够用了。

3.7.2 如何整理大量的PPT素材

以上这些网站用好了,完全可以积累大量的素材。现实是我们从网上获取素材之后,往往把它们束之高阁,直到真正想用的时候才到处去找。

想要做好PPT,这显然不是一种明智的举动。因此,在这里也介绍一些素材整理方法,让大家学会管理好素材。

先说说PPT模板中的素材整理。首先是纵向整理,即同一个模板中素材的收集。

通常模板中都会有大量图片、图标素材。在使用模板的同时,可以将这些素材单独拿出来做一个整理。整理时要对这些素材进行分类,分成人物类、图标类、图片类等,就像下面这张图片呈现的这样。

其次是横向整理。

模板各不相同,但有些页面的属性是类似的,比如封面页、过渡页、人物介绍页。我们可以按这个思路对模板素材进行整理。这样一来在下次做这类页面的时候,只需在该页所在的类中挑选就可以了。下图就是我做的一个封面页整理。

另外,对于素材的存放和整理,我还建议大家把它们按照自己的使用习惯进行分类存放。例如先建立几个大类的文件夹,命名为模板、图片、图标素材等。建立完大类的文件夹之后,再对它们进行更为细致的分类,便于快速找到想要的素材。

Chapter 04

第4章
具体页面的美化与处理

在前面的章节中，我们分享了PPT软件的基础操作以及常用元素的处理技巧。在接下来的章节中，我们将分享一些具体的页面制作技巧。

有哪些技巧呢？我们先从让人头疼的封面页、目录页以及结束页开始。

第4章 具体页面的美化与处理

4.1 封面页设计，给你的作品开一个好头

做PPT离不开的一个词就是封面页。封面即门面，它很大程度决定了作品给人的第一印象。我们经常能够在网上看到一些不错的封面页，比如陈魁、阿文、珞珈的作品。

这些封面作品的设计感非常强，每一份都让人惊艳。它们光彩夺目的背后，是作者大量的经验积累。实际上，在我们的工作和生活中，并没有那么多时间和精力投入到PPT的制作上。有没有办法可以在很短的时间内做出高质量的封面页呢？接下来分享一些实用的经验。

4.1.1 选择高质量的图片

绞尽脑汁也做不出一张好看的封面页？其实，用一张高质量的图片，就可以做出下面这样的封面页。

这样的页面是如何制作的呢？首先需要找到合适的图片。

既然是用图片做封面，那么图片的选择就显得尤为重要。对于图片有什么要求呢？首先高清无水印。除此之外，找的图片必须符合PPT的主题以及整体风格。比如，要做的是企业介绍，就可以找一些高楼大厦或者现代化都市的图片。

卡通风格的PPT，可以找一些卡通化的图片。

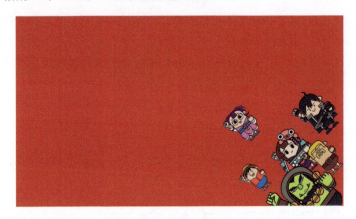

4.1.2 合理利用蒙版效果

确定图片后，我们需要在图片上添加蒙版。蒙版的制作技巧在2.4节中给大家做了详细介绍，在这一节中主要分享一些具体的应用场景。

1. 半透明蒙版

半透明蒙版适用于绝大多数封面页的处理。具体是什么意思呢？就是在图片上添加一个矩形，改变矩形的颜色，然后再增加透明度。这样做的好处是弱化了图片本身的效果，重点突出文字内容，同时又不影响美观性。

大部分图片都可以这样来处理，文字的位置可以根据实际情况进行调整。

2. 渐变蒙版

色彩比较丰富的图片，用第一种方法做出来并不好看。因此，可以尝试在图片上添加渐变蒙版。相比半透明蒙版，渐变蒙版能够创造出明显的留白区域，更贴合封面页的内容。

3. 形状蒙版

直接通过添加形状来制作封面。比如，在图片下方3/4处添加一个矩形。

也可以直接砍去一半，做成半图型的封面。

如果觉得矩形过于单调，还可以使用圆形。

第4章 具体页面的美化与处理

横着看腻了？还能竖着来！

不管是添加蒙版、渐变还是制作形状，都能非常轻松地做出一页高质量的封面。找图、加元素，最后加文字。只要套路深，制作封面就和代入公式一样简单。当然，由于图片构图的原因，也有一些例外情况。例如，图片留白很多，就像下面这个例子。

对于这类图片，我们可以直接将封面上的文字放置在留白的区域。效果非常自然，视线也可以很好地聚焦到文字部分。

另外，有很多小伙伴喜欢用震撼的星空，或者是山峰这类的图片。这类图片用作封面，我们的处理方法也很简单。一般是居中放置文字，同时配合大气的书法字体，以增强震撼力。

图片来源：MIUI论坛

4.1.3 极简风格的封面页设计

上一小节介绍的方法可以帮助我们完成大部分封面的制作。这里再介绍一种方法作为补充。

在发布会上，经常能看到这样极简风格的封面。

第4章 具体页面的美化与处理

其实，这样的设计思路完全可以借鉴到PPT中，打造属于自己的极简风格的封面。

当然，在制作这类封面的时候有一点需要注意，只是单纯地放文字会比较单调。可以适当添加一些色彩的变化，或是诸如图标、形状这类的元素作为点缀。

掌握这两种方法以后，做封面是不是就和代入公式计算一样简单了呢？

这两种方法简单方便，但也有着明显的不足，那就是过于死板。因此，建议大家平时积累一些有创意的封面，打开自己的思路。

4.2　目录页设计，让整体框架更清晰

目录在PPT中算是非常重要的一环，通过目录别人可以了解PPT的整个逻辑框架。

和封面页的制作一样，我们经常在目录页的制作上耗费大量的时间，却仍然做不出好看的目录页。其实，目录页的制作也有很多简单易学的制作思路。在这一节中，我们一起来整理一下。

4.2.1　制作目录页时需要遵循的基本原则

在分析具体的制作思路之前，有必要强调一些制作目录页时需要遵循的基本原则。理解了这些原则，可以帮助我们又快又好地制作目录页。

第一，目录要与作品的整体风格统一。

目录和封面的作用类似，是放在作品的最前面展示整个作品结构的，因而在目录的设计上一定要和整体风格相统一。

比如，我们要做一份扁平化的PPT，并且封面已经确定了是下面这样的风格。

那么，在目录页的制作上就要采用相同的风格。

除了整体风格统一外，配色也应该做到一致。比如，下面这份作品，整体色调以紫色为主。

那么，在制作目录页时也应该考虑到这一点，保证配色风格的一致。

第二，目录页要简单易读。

在做目录页前，必须要理解目录的作用是什么。目录是为了让整个作品的逻辑框架更清楚，是为了让观众更好地理解我们的作品。

因此，在做目录页的时候，除了做到风格统一，还要保证页面清晰，一下子就可以看明白你在讲什么。

比如，从下面这个页面可以看出，作者本身是很想丰富这个目录页样式的，然而文字使用与背景类似的颜色，以及图片的不匹配都让这个目录显得杂乱无章，甚至看不清文字内容。这个目录页实在是不成功。

因此，在做目录页的时候，首先要保证别人一眼就能看懂你的目录。至于页面的美化，有更好，没有也无所谓。

第三，注意元素的对齐。

对齐也是目录页制作中要注意的一点。我们可以看一些目录页的案例，文字与文字、元素与元素的对齐能够让页面看上去更有条理。

图片来源：OfficePLUS.cn

对齐的方法也很简单，除了手动对齐外，还可以用PPT中的对齐功能。对齐功能，在选中元素后，在对应元素的隐藏菜单栏中开启。

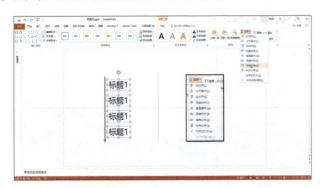

4.2.2 目录页制作中的常用思路

第一种思路,是进行横向排版。目录本身就是一种简单的并列关系,通过横向布局就可以做出好看的目录页。

当然,以这个页面为母版还可以有更多的玩法,比如加上数字。

还可以怎么变?常见的圆形图标也可以用于制作目录!

还可以去掉图标，把文字直接放到圆里。

如果标题里面还套着小标题，可以在下方继续添加文字。

是不是很简单呢？既然是套路，如何运用到实际的制作中呢？以第一个样式为例，我们可以添加一层图片，让其变成商务风的目录。

中国风、扁平化主题的目录页也能用这个思路制作，简单添加对应元素即可。

第4章 具体页面的美化与处理

从上面的例子可以发现,通过简单地改变元素,这种思路完全可以适用于各类作品的制作。既然横向布局有那么多应用场景,竖着排版行不行呢?其实也是一样的。

简单地给目录加上序号。

还可以尝试居中排版。

尝试使用形状，让页面更加丰富。

运用到具体的制作中去也是类似的，只需在母版的基础上添加元素即可。

第4章　具体页面的美化与处理

掌握了基本原则和制作思路之后，目录页的制作就和封面页一样，也是一个代入公式的过程。选择母版，修改文字，然后添加相应的元素。不管是横排还是竖排，都有非常好的表现力。

4.3　结束页设计，提升作品的品质感

每份PPT都离不开封面和结束页，它们将整个作品串联成一个整体。好的结束页，可以让读者加深对整个作品的印象，画龙点睛。那么，结束页究竟该怎么做？

4.3.1　常见结束页的制作技巧

PPT的用途有很多种，最常见的就是工作汇报、答辩、授课。那么对于这些不同的用途，我们应该制作什么样的结束页呢？

第一种是致谢。这是最常见的一类结束页，虽然没有实际意义，但能让整个作品的结构具有完整性。最简单的，就是在白色画布中央写一句话，告诉观众PPT到这里结束了。

又或者是引出接下来的答疑环节。

更多情况下,推荐使用下面这样的结束页,简单地添加背景、添加形状让页面更加充实。

这样的形式虽然并不酷炫,但是中规中矩,很好地增强了整个作品的完整性,可以用在大部分工作汇报的场合中。

第二种是描述信息、推销产品。这也是经常能看到的一类结束页。相比前者,这样的页面显得更有意义。这样的结束页,在增强作品完整性的同时,又补充说明了一些信息。

那么可以说明哪些信息呢?举几个例子,答辩PPT可以写上组员分工这类的信息。一份公司的项目展示,结束页可用来描述公司的基本信息。结束页也可以用来推销产品。比如,乐视乐小宝发布会上最后一页是产品信息的介绍。

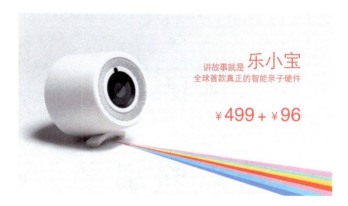

如果说致谢、答疑是最普通的结束页，那么在结束页提供额外信息，则更加实用一些。除了这两种，还有一些非常不错的结束页处理。比如小米发布会中，用结束页来反映品牌的核心目标和价值。

这些都是一些很好的案例。工作汇报类的PPT内容相对固定，可以用简单的致谢来收尾，也可以赋予结束页更多鲜活的内容，让它合规却不普通，显示出更强的生命力。

4.3.2　个性化结束页的制作技巧

除了工作汇报外，个人演讲或者是发布会用到的PPT，这类作品没有太多的束缚，结束页也就自然可以随性一些。比如，罗永浩在锤子M1发布会上，用了一句名言来收尾，让人回味无穷。

> "如果你一开始没能成功，拿个更大的锤子。"
>
> ----艾伦·路易斯

再比如，下面这些有意思的结束页文字。

> # 都醒醒

> # 可以鼓掌了

结束页的类型有很多，在选择时一定要符合PPT的使用场景。工作汇报类的作品相对严肃，中规中矩的致谢或是补充信息就很好，而演讲类的作品则更跳脱，可以发挥想象去创造。

Chapter 05

第5章
不同风格作品的美化与处理

PPT有不同的类型和不同的风格。我们常把PPT分为演讲型和阅读型两类。进一步的，可以分为全图型的PPT、扁平化的PPT等风格。这些PPT类型和风格是什么含义，有什么特点，不同类型和风格的PPT怎么做？在这一章中我们一起来探寻其中的奥秘。

5.1 演讲型PPT和阅读型PPT

演讲型PPT和阅读型PPT，是常见的两种PPT分类方法，对应着不同的演示场景。什么是演讲型的PPT？苹果、小米等各类品牌的发布会，是演讲型PPT。

除此之外，各类演讲、行业会议以及路演，一般用到的也是演讲型PPT。这类PPT有什么特点呢？字少！

演讲型PPT的作用是辅助演示，一般只呈现重要信息，大部分内容由演讲者口述。

阅读型PPT，顾名思义，是用来阅读的。不需要你讲，别人阅读这份PPT就可以了解你想传递的信息。

5.1.1 演讲型PPT的制作技巧

虽然演讲型PPT的特点是字少，但并不代表我们制作这类PPT时可以偷懒。相反，可能需要投入更多的精力，因为做好这类PPT，思路和逻辑特别重要。

1. 制作前的准备

在第1章讲PPT制作思路和流程的时候提到过：在做PPT的时候，不要打开软件直接开始做，而是要理清思路，想清楚究竟怎么做之后再动手去做。

制作演讲型PPT之前，不妨先梳理好思路。首先明确一点，演讲型PPT的重点在人，PPT只是作为一个辅助工具，起的是"提纲挈领"的作用。因此，我们从来不会在演讲PPT中，看到大段大段的文字。

所有的图片和文字都为演讲者服务，演讲型PPT的制作一定要遵循简洁、清晰的原则。这个观点一定要明确。

第二个要明确的观点是逻辑。演讲PPT以人为主。因而逻辑在这类PPT中会起到非常重要的作用。

如何才能把你想表达的观点让观众接受呢？是把PPT做得好看吗？有一点关系，但更重要的是你的整个思维逻辑。因此，在制作PPT之前一定要把逻辑和脉络处理好。

具体怎么做呢？首先是确定PPT的主题和内容。

- 你的表达对象是谁。
- 确定时间。
- 确定思路流程。
- 对PPT的脉络有一个简单的设置。

这些细化的问题，从根本上决定了你到底要做一份什么样的PPT。具体到演讲型PPT，你需要确定下面这些内容。

- 表达对象：学生？投资人？普通观众？决定你的PPT风格。
- 确定时间：一个小时？几分钟？确定PPT的框架和页数。
- 确定思路流程：确定整个PPT的逻辑关系。
- 对PPT的脉络有一个简单的设置。

在确定完主题和内容之后，要做的就是画思维导图、画PPT的草图，以此来确定整个PPT的框架结构。这部分内容在第1章中就提到过，重新提起一是巩固，二是和大家强调，制作演讲型PPT，逻辑和内容梳理非常重要。

2. 页面元素处理

理清思路后，就可以开始制作了。具体一点，就是第3章中介绍的各类元素的处理。

图片部分，最基本的要求是高清无水印以及和文字相关联。针对演讲型PPT，图片的选择和处理，还要遵循什么样的原则呢？我的建议是，图片尽量铺满屏幕，也就是使用全图型PPT。

图片铺满屏幕好在哪里？首先是好看、大气，给人一种震撼美。其次是可以带动观众的情绪，帮助观众更好地理解你的内容。

图片来源：小米发布会

当然，使用这样的全图片布局适合一些文字少，并且演讲者想要带动气氛的板块。另一种布局，左右图片布局，用在演讲型PPT中也是不错的选择。

第5章　不同风格作品的美化与处理

除了基本的图片处理技巧以外，演讲型PPT背景图的选用也是很有讲究的。在挑选演讲PPT背景时，应该遵循简约清晰的原则，同时考虑大型活动现场的投影以及拍摄效果，一般采用的都是黑色或白色的渐变背景。

当然，你的作品如果偏扁平化风格的话，也可以尝试像乐视发布会这样的纯色背景。

字体部分，演讲型PPT中字体的选用相对简单，一般选用1~2种字体。如果PPT的内容没有明确的主题或者偏向的风格，可以采用思源黑体、方正兰亭黑这类黑体字体。当然，请注意版权问题，如果在商业场合使用，建议购买正版字体。

配色部分，演讲型PPT的处理同样相对简单。记住两句话，深色背景配合白色文字，而白色背景配合深色文字。

当然,以上介绍的是比较基础的配色技巧。在实际操作中,还会遇到图标等的配色,见下图。要完善这些配色,建议找一些发布会或是演讲类PPT作为参考。

演讲型PPT中还有一些常见的套路,从这类发布会的PPT中,我们可以看到大量图标元素的运用。在制作这类PPT的过程中,会遇到大量需要分条阐述观点的内容,这时使用图标就成为一种很好的选择。比如小米发布会的PPT。

下面这张是魅族Pro 5发布会上使用的PPT。

类似的套路还有渐变背景以及高清大图的运用。从制作的角度来说，演讲型PPT并不难做，甚至掌握套路后可以轻松做出不错的PPT，但是思路和逻辑却是更加重要、更加难以处理的。

5.1.2 阅读型PPT的制作技巧

我们在做PPT的时候，经常会遇到需要放大量文字的情况，比如：教师课件、咨询报告、工作汇报等。通常把这类文字较多的PPT定义为阅读型PPT。我们一起来看看，制作这类PPT，有什么需要注意的地方。

1. 页面元素处理

在阅读型PPT中使用图片，很大一部分原因是为了装饰，使页面不至于全是文字太过单调。

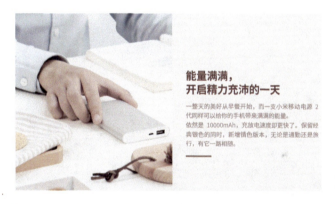

除了装饰功能外，也希望图片能为内容服务，呼应主题以及文字内容。

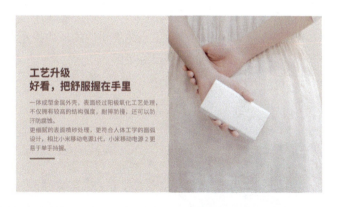

说起来简单，其实在这类PPT中，需要呼应文字的图片是比较难找的。那如何找到这类图片呢？比较简单的是产品介绍类的PPT，可以去企业的官网找一找有没有合适的素材。没有官网，也可以去专业图片素材网站查找高质量的图片素材。

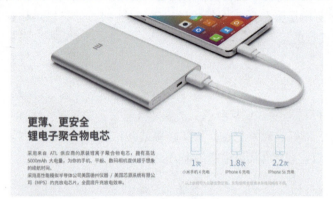

也可以用3.1节中介绍的图片检索技巧，寻找高质量的图片素材。如果没有高清素材，可以尝试用修图软件来美化和调整图片。

阅读型PPT的主要作用是阅读。因此，我们需要尽量避免使用一些花哨的字体，比如手写字体、书法字体。思源黑体这类万能字体，非常适用于阅读型PPT。

另外，阅读型的PPT在字体大小的选择上也是有讲究的。如果是在电脑屏幕或者是网站上呈现的产品展示，18号以上的字号已经足够。

如果需要放到大屏幕上，比如教师上课用的课件，正文文字一般使用22号以上的字号。

2. 其他制作思路

除了各类对象、元素的处理外，阅读型PPT制作也有一些常用的套路，分别是调整行距、调整对齐方式以及字体的合理选择。

选中需要调整的文字，右击，从打开的菜单中选择"段落"选项，从弹出的对话框中可找到行距和对齐方式的调整选项。

以这样一个页面为例，如何对文字较多的页面进行处理呢？

Step 1　选中文字后右击，选择"段落"选项，打开"段落"对话框，将"行距"调整为"固定值"，而"对齐方式"则选择"两端对齐"。调整完段落格式后，选择一个合适的正文字体，调整字号，整个页面就清晰多了。

> **字体的起源故事**
>
> 随着计算机时代的到来，字库已成为人们工作生活的一部分，人们每天都会接触它、使用它。一般来讲，一款字库的诞生，要经过字体设计师的创意设计、字体制作人员一笔一画的制作、修改，技术开发人员对字符进行编码、添加程序指令、装库、开发安装程序，测试人员对字库进行校对、软件测试、兼容性测试，生产部门对字库进行最终产品化和包装上市等几个环节。开发一款精品字库，往往需要付出2-3年的艰苦努力，是一项需要投入各种人力、物力、财力，充满激情和创造性的工作。字体均由人工设计。字体不是从树上长出来的，也不是从地下冒出来的，它们是由各个字体设计师设计，即绘制或构建而成。这些设计师通常默默无闻地劳动，但其作品却被我们每天使用。字体如何帮助信息传播？字体设计是技术限制与人类阅读需求之间的不断对话。

除此之外我们还可以对内容进行分段，用加粗或不同颜色来标明重点的内容。

> **字体的起源故事**
>
> 随着计算机时代的到来，字库已成为人们工作生活的一部分，人们每天都会接触它、使用它。一般来讲，一款字库的诞生，要**经过字体设计师的创意设计、字体制作人员**一笔一画的制作、修改，**技术开发人员**对字符进行编码、添加程序指令、装库、开发安装程序，**测试人员**对字库进行校对、软件测试、兼容性测试，生产部门对字库进行最终产品化和包装上市等几个环节。开发一款精品字库，**往往需要付出2-3年的艰苦努力**，是一项需要投入各种人力、物力、财力，充满激情和创造性的工作。字体均由人工设计。字体不是从树上长出来的，也不是从地下冒出来的，它们是由各个字体设计师设计，即绘制或构建而成。这些设计师通常默默无闻地劳动，但其作品却被我们每天使用。字体如何帮助信息传播？**字体设计是技术限制与人类阅读需求之间的不断对话。**

这些只是最基础的美化，也就是对文字内容的调整，适合文字特别多，又没有特别多的时间进行PPT制作的情况。

如果有充足的时间制作阅读型PPT，可以尝试对内容进行简单的逻辑梳理和提炼。以下图为例，文字很长，放在页面中并不好看。

> 普格县洛乌沟乡，地处川西高原地区的凉山彝族自治州，域内多高山峡谷，交通非常不便，该州17个县市就有11个国家级贫困县，经济困难情况可想而知。经济的落后使得教育的发展受到极大阻碍：大批山区学生进入学校却没有足够的住宿房屋；留守学生的数量不断增加；学生因家庭贫困而无奈辍学等。

用刚才的方法进行处理的话，其实就是提炼小标题，调整段落格式还有字体。完成之后清晰了很多。

第5章 不同风格作品的美化与处理

如果想要进一步完善，可以调整段与段之间的间距，利用线条将三段内容分割开，使逻辑框架更加清晰和完整。

还可以为这个页面添加一层背景图片，与内容相衬。同时将内容做一些图形化的表达，添加与内容相关联的图标元素，让整个页面更加丰富。

像这页作品中使用的图标元素，起到的就是统一页面、丰富页面的作用。

以上，就是演讲型PPT以及阅读型PPT的制作技巧。一个PPT完整的制作思路，其实就是从思考到处理各类元素，再到最后的整合。

5.2 如何制作特定风格的PPT

细心的朋友可能注意到，在本章前面介绍两种PPT类型的时候，还提到了PPT的不同风格——扁平化设计和全图型设计。PPT的风格类型还有很多种，比如：iOS风、中国风、手绘风等。

什么场合使用什么风格的PPT，这由PPT制作者本身、品牌定位以及内容主题等多方面因素决定。比如介绍这款儿童产品时，用到的就是偏卡通的扁平化设计。

选择什么样的风格由你决定，接下来讲解一些常用风格，比如：全图型设计、扁平化设计的PPT制作技巧。

5.2.1 全图型PPT的制作技巧

全图型PPT指的是仅由图片和文字组成，却有很强视觉表现力的PPT设计风格。

对于发布会这样的大型场合，就有很多全图型PPT的身影。

图片来源：小米发布会

如果没有正确的方法和技巧，很难做出像这样震撼的全图型PPT。那我们在制作全图型PPT的时候，有哪些技巧和处理方法呢？

1. 图片部分的处理

刚刚也说了，全图型的PPT由图片和文字两部分组成。那在图片的选择和使用上有哪些技巧呢？

首先，还是那一点，图片高清没有水印。前面反复强调，画质差、相对粗糙的图片尽量避免使用。基于这个原则，我们可以从两方面来选择全图型PPT中的图片。

一方面，选择有留白区域的图片素材。

好的全图型PPT，应该给人一种"海报级"的视觉效果，要求图片与文字有极高的契合度。因此，可以选择一些本身就具有留白区域的图片来配合文字内容。

适当的留白区域可以在最大程度上契合文字内容，让全图型PPT更加出彩。

另一方面，选择让人惊艳的图片素材。

既有留白区域又要契合文字内容的图片并不好找。因此，更多情况下建议大家选择质量高、能一下子让人觉得惊艳的图片素材。

再比如，像这样虽然普通，但是画面感很强的图片素材，同样也可以使用。

有些图片色彩过于丰富,让人很难看清文字内容。

怎么处理呢?通常的做法是在图片上方添加一层半透明的蒙版。详细的制作方法参考2.4节。

除此之外,还可以在图片上方添加一个矩形形状来放文字内容,同样是为了削弱图片给文字带来的影响。

当然，要强调的是，不管选择什么样的图片素材，和内容相关很重要。什么是图文相关呢？例如，锤子手机发布会上有这样一个页面，其文案和配图都堪称经典。

2. 文字部分的处理

在全图型PPT中，对文字有什么样的要求呢？最基本的要求是，文字内容一定要简明扼要，就像下面这个页面。

如下图所示，如果添加的文字过多，是不是就很难体现出原先那种震撼的效果了？

第5章　不同风格作品的美化与处理

看了这么多案例，回想一下，正确的做法应该是怎样的呢？简短一点，一句话搞定。

复杂一点，一个加大加粗的主标题，配上1~2行文字内容即可，千万不要添加过多的文字内容。

在全图型PPT中，字体大小的确定也非常重要。如果要突出的是文字内容，那么文字尽可能放大，让文字吸引目光。

如果想要突出的是图片内容,可以适当缩减字号,文字起到一个辅助的作用。

除此之外,小清新风格、文艺风格的PPT,也适合做一些缩小字体大小的处理。

除了内容精简和大小合适之外,文字的位置和排版相对简单也非常关键。对于存在留白区域的图片素材,一般只需要将文字放在留白区域就可以了。

第5章 不同风格作品的美化与处理

对于没有明显留白区域的图片素材，一般只需要将文字进行居中排版即可。

当然，具体情况具体分析。像下面这张图片，既然界限分明，我们就可以把文字内容放在两块区域交界的地方。

以上就是全图型PPT的处理技巧。

5.2.2 扁平化风格PPT的制作技巧

扁平化设计风格，搭配精简的内容有着非常出色的视觉表现力。

什么是扁平化设计风格？指的是极少使用渐变、阴影以及立体这类效果，以一种很"平"的方式呈现页面。

1. 扁平化PPT的基本制作原则

如果抓住了扁平化PPT的特点，在制作时完全遵循这些特点，可快速做出扁平化的页面。扁平化PPT设计时主要有两点需要注意。

一是图标以及矢量元素的运用。

在PPT制作中，图标元素，主要起丰富页面或者传递信息的作用。在扁平化PPT中，由于去掉了阴影、立体这一系列效果，页面很容易变得单调。在这种情况下，图标的作用就被无限放大了，如下图所示。

再比如，iSlide出品的PPT作品。

在这些页面中，图标不仅传递了作者想要表达的信息，还很好地美化了整个页

第5章 不同风格作品的美化与处理

面。除此之外,一些矢量图素材,也在扁平化的PPT中起到类似的作用。

矢量图在扁平化PPT中起美化作用,比图标更重要。不信,我们把图标去掉试试。

如果说图片是全图型PPT的灵魂,那么图标就是扁平化PPT的灵魂。那从哪里能找到高质量的图标元素呢?

前面推荐了阿里巴巴的图标库(iconfont.cn),那里有海量的图标可供选择。在页面上方的导航栏中,可以找到各种系列的多色图标,直接下载就可以使用。

这里再推荐一个矢量素材网站,觅元素(51yuansu.com)。在网站中搜索"扁平化",可以找到很多好的矢量素材。

155

二是各类形状的使用。

在扁平化PPT中，形状也得到了大量的应用。一方面是与图标配合，形成统一的版式。比如，下图运用圆形形状，规范了两个矢量图的外形。

另一方面，为了弥补扁平化PPT容易产生的单调感，还可以用形状制造一些背景或装饰效果，比如不规则形状与文字搭配。

幻灯片来源：www.iSlide.cc

形状效果较多地用在背景上，比如增加浅色的形状来突出主题的内容。

幻灯片来源：www.iSlide.cc

再如，用一些简单的形状效果作为装饰。

还可以尝试类似折线的效果，可增强页面的表现力。

2. 扁平化PPT中常用元素的处理

除此之外，既然作为一种设计风格，扁平化PPT也离不开图片、字体、配色这些元素的应用。其中，对于扁平化PPT来说，最重要的是配色。

找了很多图标，用了很多形状效果，如果配色处理不好，一切也都是白搭。

特别是图表的部分，需要依赖出彩的配色来增强它的表现力。

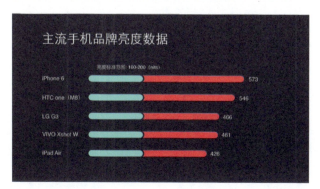

在扁平化PPT制作中，建议选择亮一点的颜色，以增强页面的表现力。

当然，也不能过于鲜艳，选择一些高饱和度的颜色后，做出来的效果并不好看。除此之外，配色的选择还要根据具体的应用场景决定。特别头疼？因此，建议借助第3章中提到的配色网站去处理扁平化PPT的配色工作。

这里再推荐一个配色网站，Bootcss（www.bootcss.com/p/flat-ui/）。这是一个非常适合扁平化PPT的配色网站，其整体的风格就是扁平化的设计，预置了很多配色方案。

在扁平化PPT中，不建议使用各式各样的图片素材。原因很简单，很多图片在拍摄构图时就带有层次感，会显得与整体不匹配。

如果已经用到图片，怎么解决？一方面，可以对图片做一些图形化的表达，比如下面这个页面。

如果想要做成扁平化的风格,可以把图片想要反映的信息以图形的形式呈现。

还有一些无法替换、必须呈现的图片怎么处理呢?可以尝试将图片与形状做一些结合。当然,尽可能选择层次感不明显的图片。

Chapter 06

第6章
PPT修改案例实操

有一句话叫"实践出真知"。学习PPT也是一样，我们需要动手实践所学到的技巧。在本章中，我为大家准备了大量的实战案例，在实际的PPT制作过程中，会逐一运用所学的内容。

第6章　PPT修改案例实操

6.1　为什么要修改PPT

修改PPT，是为了帮助大家巩固已学的知识，同时再补充一些实用的技巧。

在前几章中，介绍了很多与PPT相关的技巧和制作思路。从基础的操作到图片、字体这些常用元素的处理，再到不同风格、类型的PPT的制作技巧。

技巧学会了，还得学会应用。当我们去实践、尝试这些技巧的时候，会发现将知识转化为实际的作品并不容易。想要完成一份出色的作品，需要掌握技巧，也需要大量实例操作的积累。

在这一章中，我们会通过修改一些不恰当PPT的实际案例，加固对这些PPT技巧的掌握，同时再补充一些"很细节"的知识点。

举几个简单的案例，让我们先熟悉一下这个板块的行文思路。比如下图所呈现的这个封面页。

这个页面的构成很简单，就是一个LOGO加上标题。

它的问题是，本该作为辅助的LOGO异常巨大，而本应是重点内容的标题部分却异常小。这给人一种本末倒置的感觉，不好看，也让人抓不住重点。

另外，封面应该是足够吸引人、让人看完愿意往下看的。这页纯白色背景没有任何修饰，作为封面页并不合适。

对于这样的页面，如果是你，会怎么修改？

下面给出我的修改思路：修改时，首先要调整的是页面的主次关系，重点内容是标题，而LOGO只是作为辅助。修改后的效果如下图所示。

处理完文字后,再解决过于单调的问题。我在这里选择了一张现代感较强的图片,以此来对应银行这样一个主题。

同时,这张图片很好地将视线聚拢在了中央位置,不需要做过多的处理就是一张非常好的封面了。

再比如,下图这样一个波特五力模型的案例。

这个页面首要的问题是,配色看上去很难受。且不说小字和背景融为一体完全看不清,各种乱七八糟颜色的使用,更让页面显得非常混乱。

其次,这个模型图采用了非常复古的玻璃效果,既过时也不好看。另外,在排版方面,标题没有居中,字号特别大,也有一种本末倒置的感觉。

这样的页面怎么修改?思考一下。

我的修改思路是这样的:删除多余的元素,选中各个圆形,右键设置形状格式,选择纯色填充,这样一来整个模型就扁平化了。

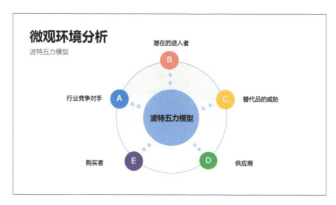

如果觉得页面比较单调,还可以在底部加一层图片。

用这两个简单的例子帮助大家熟悉一下我的修改思路。接下来就是"正餐"的部分了,我将通过几个专题的PPT修改,为大家呈现一页PPT的完整制作流程。

6.2 如何在PPT中表现重点或对比

我们常说,一份好的PPT一定是重点突出、对比鲜明的。可以从几个并列的观点中突出最重要的,也可以将产品的优势和劣势进行对比。

在PPT中如何表现重点或对比？下面给大家做一个分享。

案例一

分析问题

这个页面由已解决和未解决两部分文字组成，存在对比关系。整体上来说存在很多问题，比如配色，比如字体太小看不清内容。此外，这两部分内容除了文字不同外，没有任何差别，完全看不出其中的对比关系，从而也会导致信息传递不完整。

进行修改

这类存在对比关系的页面其实非常常见，那么对于这样的页面我们应该如何进行修改呢？

第一步，是要对文字和页面进行初步美化和逻辑梳理。抛开对比关系，其实这个页面可分为两个部分。

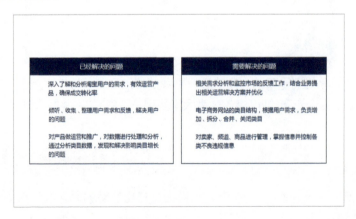

初步的美化和梳理后，我们再考虑如何体现对比关系。其实，方法很多，比如添

加表示对比关系的图标。

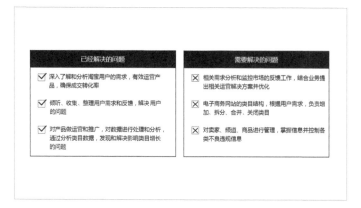

颜色对比,也是这类页面常见的处理方式。通过一明一暗两种颜色,将页面很好地区分开来。

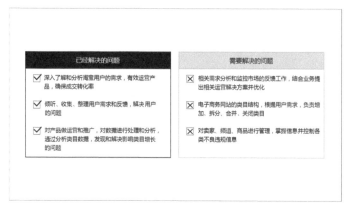

这样一来,对比的效果就完成了。除此之外,我们还可以对页面进行进一步美化。比如,加上标题,让页面更加充实。

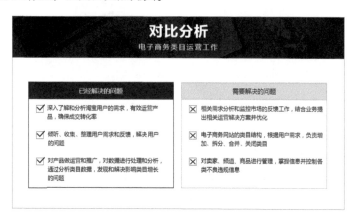

案例二

分析问题

这一页相比第一个案例其实好很多,至少它的内容是清晰的。作者还用了不同颜色和框线,将两者进行了区分。

当前存在的问题是,优劣势文字颜色不好看,文字内容稍显拖沓,还有整体对比不够强烈。

进行修改

修改思路类似,无非就是修改配色、字体字号和图片样式。

第一步,先对内容进行美化和梳理,将拖沓的文字内容进行精简,用框线来突出观点。

第二步,通过配色增强对比。我这里采用的是黑白对比,黑色部分用一层图片垫底。

这样一个页面就做好了。其实在这个页面中,黑底白字与白底黑字,同样也是一组对比关系,目的也是让内容更加清晰。

案例三

分析问题

在页面的处理中,我们需要突出强调部分的内容。在这个页面中,大家找到作者想突出什么了吗?

这就是这个页面的问题之一。仔细留心一下上方的导航条,和作者沟通过之后我才知道它把"时间历程"四个字进行了加粗。为的是突出这一页是在讲时间历程,那么显然这个突出是失败的。除此之外,正文内容的排版混乱,图片大小不一,也让整个页面减分不少。

进行修改

对于这样的页面,第一步仍然是处理正文部分。这相对简单,将文字图片排整齐就可以了。为了提高统一性,我在这里为图片修改了统一的尺寸,并加上了边框。

接下来制作导航条。我在这里用了一些图标元素,以丰富导航条的样式。

这样就完成了吗?等等,如何突出是"时间历程"这个部分呢?其实很简单,换一个颜色,就完全不一样了。

案例四

分析问题

虽然页面结构比较清晰，但是大段的文字让人一眼看去就没有阅读的兴趣。仔细看可以发现，作者加粗了第二段文字。也就是说，这是他想突出的内容。仅仅这样做，显然还不够明显。

进行修改

先对正文部分进行基本处理。我在这里用长方形对内容进行分块，同时用图片加蒙版的形式进行美化。

这样一来就清晰很多了。接下来要如何突出重点内容呢？最简单的方式就是修改颜色。

除了简单的色彩对比,还可以怎样强调重点内容呢?我的建议是将重点内容进行放大。

体现突出或对比的方式有很多种。更改颜色、字体、图片、样式,都能起到不错的效果。大家要灵活运用,最好在制作过程中加一点自己的创意。

6.3 如何驾驭纯白色背景的页面

以白色为背景的PPT,其特点是清爽,同时可以最大程度突出文字内容。这种小清新的风格是很多人的心头爱,但这种风格的页面并不好处理。

本节将修改三个失败的白背景的PPT,以此来介绍这类页面的制作方式。

案例一

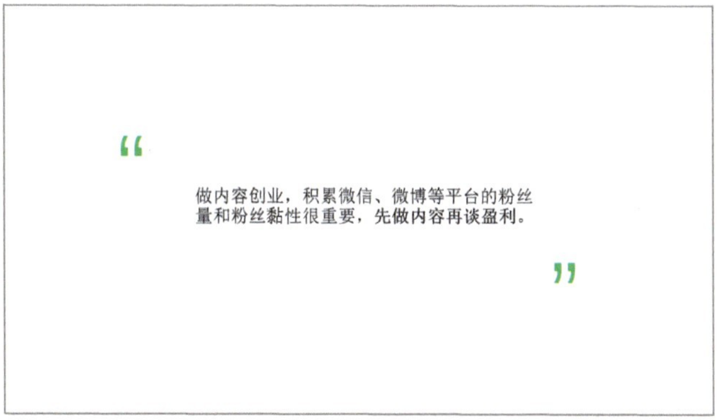

> 做内容创业，积累微信、微博等平台的粉丝量和粉丝黏性很重要，先做内容再谈盈利。

分析问题

我们经常会遇到像这样文字不多的页面，本身文字少就显得空洞，再加上纯白色的背景，整个页面非常单调。

进行修改

这个页面只有简简单单一句话，我们可以尝试突出语句中的重点内容，比如在这句话中，重点内容就是"先做内容再谈盈利"。

先做内容再谈盈利

精炼文字后，页面依然单薄，并不好看。因此，可以将其他内容进行图形化表达。

这里多余的内容起到的就是装饰作用。学位帽表示知识（内容），人民币符号表示盈利，再用颜色的差异来体现内容大于盈利的观点。

案例二

市场前景如何？

1. 领域相对较小
2. 用途广泛
3. 存在一定的市场空间

分析问题

这个页面的文字部分非常清晰，但是问题也是同样的，从页面样式上来说过于单薄。对于这样观点陈述型的页面该如何处理呢？

进行修改

我的建议是用一些相同的元素来表达每一个观点，比如采用圆形。

第6章　PPT修改案例实操

这样可以清晰地表达观点，同时让页面显得不那么单调。接下来，我们还可以使用颜色的变化来让页面更丰满。

注意，整个页面的配色尽量保持在三种以内，否则就会显得太过杂乱。发挥想象，还可以有更多的玩法让页面更加充实。例如在背景处适当添加相关文字，使页面更加充实。

案例三

分析问题

如果需要在页面中放企业LOGO，但像这个案例中这样简单地将LOGO堆砌在一起，会显得页面非常混乱。这样的页面怎么处理呢？

进行修改

首先，需要统一LOGO的尺寸大小。相同类别的图标要做到大小一样，可以在PPT中统一修改尺寸，也可以用其他工具进行处理。

分享一个图片批量处理工具——美图秀秀批处理。在图片很多的情况下，用它来修改图片格式非常方便。

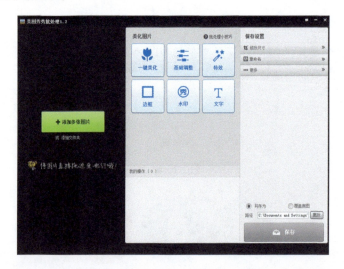

修改完图片格式后，我们将LOGO归类并进行统一美化。比如，我在这里将方形图标变成了圆角矩形，更加美观。

第6章　PPT修改案例实操

白色背景并不可怕，适当地进行图形转换，合理地使用配色，完全可以做出小清新风格的PPT。

6.4　文字较少的页面如何美化

我们在做PPT的时候，经常会遇到一些文字特别少的页面。常规的有过渡页、结束页，一些内容页有时候文字也比较少。

字太少会显得页面很空，如果不加以美化，就显得特别单调。如何处理这类页面呢？下面我们通过修改四个问题页面案例，来解决这个问题。

案例一

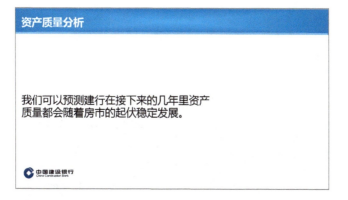

分析问题

这个页面中正文文字不多，从整体上来说非常清晰。美中不足的是，因为只有一句话，常规的排版方式让右半部分产生了大面积留白，显得整个页面很空。

进行修改

对于这样的页面应该如何进行修改呢?常规的做法是先提炼核心内容,然后把字放大。对于案例中这样偏总结性的文字,我们还可以尝试使用书法字体。

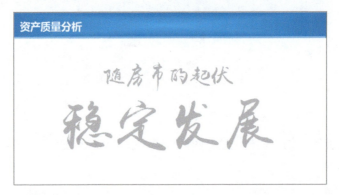

相比原来好了很多,但是看上去还是有些单调。别着急,我们还可以在页面中增加图片元素。由于是建行的介绍,建议用与建行相关联的图片。如果找不到怎么办呢?退而求其次,可以用一些城市以及现代化风格的图片。

如果使用的图片较亮,可以为其添加一层蒙版。

案例二

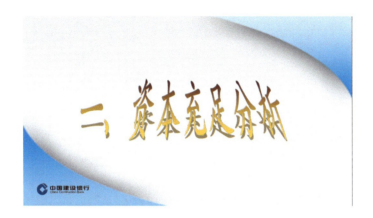

分析问题

为了让结构更加清晰,我们经常会在作品中加入过渡页。这类页面通常只有一行字,也就是小标题。这类过渡页留白多,整体会显得非常空洞。原作者在做这个页面的时候也注意到了这一点,于是使用了艺术字体,也就一不小心从一个坑跳到了另外一个坑。我们在第3章"字体"部分提到过,尽量避免使用花哨的艺术字体。

进行修改

只有一句话的过渡页该怎么处理?只有一个建议,添加适当的装饰元素或图片让页面更加充实。比如继续使用前一案例的图片,为其添加蒙版。

除此之外,既然主题是介绍建行,还可以为其添加一些相关的元素。例如,可以去官网找一找合适的素材,我就从中找到了这样一个视频。

有什么用呢？视频中左侧的小图标就是很好的素材，既符合主题又能起到装饰作用。那么如何获取视频中的图标呢？截图，在PPT中删除背景即可。

通过修改图标，我们完全可以得到一整套过渡页。

第6章 PPT修改案例实操

案例三

分析问题

这是一个结束页,页面的文案很棒。不足之处,仍然是由于只有一句话,造成页面过于单调。另外,选用灰色的字体,没有体现出那种应有的蓬勃向上的力量感。

进行修改

对于结束页该如何修改呢?建议还是选用图片进行装饰。由于是结束页,可以选择大气一点的图片。

除此之外,我们还可以在中文下面加一句英文,让页面更充实一些。最后的效果是这样的。

案例四

分析问题

这个页面的问题比较常见。一是在制作时使用了默认的表格，样式比较单一。二是整体的排版布局有点混乱，下面的文字没有对齐。

进行修改

表格的美化在第3章中有详细介绍，这里选用PPT自带的表格样式就能得到不错的效果。

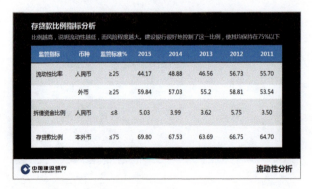

处理完图表后，我们再套用本节第一个案例中的内页样式，一个页面就修改完成了。

通过阅读这个表格我们还可以发现，这张表格的重点部分是最后一行，因此，我们给它增加了一个动画效果，通过颜色渐变突出重点。

6.5 如何制作特定主题的PPT

PPT设计中有各种不同的风格，也可以根据特定的主题来进行设计。特定主题的PPT该如何制作？以下面这套雾霾主题的PPT为例来讲解。

对于特定主题的PPT，不妨先从整体上进行考虑，这套作品有什么问题呢？

既然是讲雾霾，那么原作品中整体亮色系的风格就无法烘托气氛，突出主题。这显然是不合适的。

再来说修改。既然雾霾是一个严肃的话题，可以选择黑灰作为整体色调。

当然，如果只用黑灰两种颜色，会显得特别压抑和消极。作为作品，本身应该传递一些正能量。因此，我做了两种版式，上半部分的标题区域做了曲线形处理，让页面显得不那么压抑。

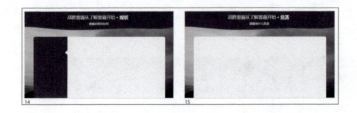

接下来,我们一起来了解这两个页面的具体修改思路和过程。

案例一

分析问题

很常见的一个问题页面,文字太小看不清。纯文字也特别单调,很难让观众抓住你想表达的观点。

进行修改

对文字做一个提炼,它想表达的就是雾霾的三点危害,是一个并列的逻辑结构。那么处理方法就很简单了,直接上图标。

案例二

分析问题

这是一个结束页,值得表扬的是,作者用红色大号文字突出了中心内容,但版式和背景的选用都不恰当。除此之外,有一个技巧需要注意:结束页不要用多张小块图片。图片应尽量铺满屏幕,以增强视觉冲击力。

进行修改

呼应雾霾的主题,做了一个画中画的效果。

加上文字,通过字号大小的对比增加视觉冲击力,最后呈现的效果是这样的。

6.6 如何轻松搞定耗时又费力的页面布局

我们在日常工作中,经常接到一些需要在短时间内完成一整套PPT的任务。对于这类任务,可以套用模板来完成。可是,套用模板也不是一件简单的事。如果用不好,仍然会做出简陋的PPT。那究竟如何套用模板快速做好PPT?下面准备了三个案例。

案例一

分析问题

这是一个典型的用来阅读的PPT页面,阅读型PPT有什么要求?最基本的要求就是内容要能看清楚。显然,这个页面中与背景色相近的字体颜色就不符合要求。

除此之外,行与行之间过于紧凑,右上角莫名其妙的矩形图案让我们很难找到这个页面的重点内容。

进行修改

对于这类页面内容,文字清楚是最重要的。因此,我们可以先将花哨的背景删去,保留主要文字内容,并调整版式。

第6章　PPT修改案例实操

> **数据完整性实施**
> 在数据完整性实施方面，行为措施（人）严格禁止下列行为
>
> 1. 各种数据造假（人为或故意地进行数据上的造假）
> 2. 删除数据（特别是删除不合格数据或不想要的数据）
> 3. 数据丢失（以重装系统、格式化的手段删除数据）
> 4. 修改数据（特别是将不合格数据修改成合格数据）
> 5. 没有备份或备份无法读取，备份数据不可用
> 6. 没有充分对数据完整性进行控制。

如果觉得单调的话，可以适当地增加一些装饰元素，比如线、背景图片等。

> **数据完整性实施**
> 在数据完整性实施方面，行为措施（人）严格禁止下列行为
>
> 1. 各种数据造假（人为或故意地进行数据上的造假）
> 2. 删除数据（特别是删除不合格数据或不想要的数据）
> 3. 数据丢失（以重装系统、格式化的手段删除数据）
> 4. 修改数据（特别是将不合格数据修改成合格数据）
> 5. 没有备份或备份无法读取，备份数据不可用
> 6. 没有充分对数据完整性进行控制。

这样一来，一个合格的内容页就完成了。整个过程非常简单，并不会花费太多的时间。

有优点就会有缺点，一定也有很多人会觉得，这样一个页面是不是太过于单调了呢？没有关系，如果不满意，我们完全可以进行进一步美化。

对内容进行提炼，加上一些合适的图标元素，根据内容添加一层合适的背景，是不是就美观很多了呢？

版式布局设计好了，我们再来看看内容部分。

这样一个页面仍然存在问题。内容主要列举的是一些严格禁止的行为，比如数据造假、删除数据，但是黑底白字的设计，体现不出严格禁止的感觉，所以我们还需要调整整体的配色和样式。

在这个案例的修改上，我们给出了两种思路。第一种，简单修改。对文字内容进行简单调整，就可以做出合格的PPT页面。其缺点是，能接受，但太过单调。

第二种，精心修改。整个制作过程需要调整版式、查找图标素材、选择合适的背景。虽然质量得到了保障，但花费了大量的时间。

好像我们很难在快速和美观之间找到一个平衡点。那有没有什么办法，可以帮助我们快速做出高质量的页面呢？我们需要借助关系图表，来看下面的案例。

案例二

分析问题

这个页面排版布局混乱,作者原本想将文本框摆放成2行2列。文字部分也较混乱,颜色有黑有白,有加粗有不加粗,而且字体过小。

进行修改

对于像SWOT分析、数据对比这样的页面,自己处理起来非常耗时,我们可以借助一些图表的模板来制作这类页面。比如这样一个SWOT图表就非常符合案例内容。

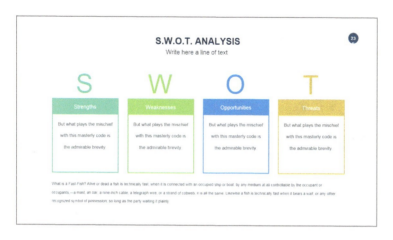

删去多余的元素,将文字内容复制到这样一个模板中。

还可以根据实际情况修改模板的配色,比如和右下角的LOGO统一配色。

此外,观察案例可以发现,这个页面是和医疗相关的内容。那么,我们还可以进一步添加相关的页面背景。

案例三

分析问题

在制作PPT的时候，我们经常会花大量的时间在版式和布局的构思上。就像这个案例，字体、配色的选用都没有太大问题，整个页面也清晰直观。

那问题出在哪里了呢？出在版式布局上，标题下方的四块内容大小不一也没有进行对齐，给人一种局促感。

进行修改

观察内容可以发现，它主要就是四块呈现并列关系的内容。那么，我们可以找到像下图所示的模板。

套用一下，呈现效果是这样的。

我们还可以简单调整布局，得到这样的效果。

类似的例子还有很多，比如这样一个时间轴的页面。

选择合适的时间轴模板，我们同样可以做出一个高质量的页面。

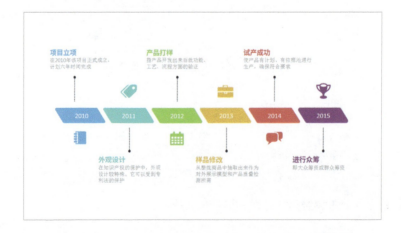

我们通常把这类图表模板叫作关系图表，关系图表可以帮助我们快速完成页面布局。

关于这类模板有两个技巧要和大家分享。一是在优品PPT、OfficePLUS这样的模板素材网站上都可以找到这类素材。

另外，在演界网上搜索"关系图表"，也能找到很多高质量的关系图表模板。如果把价格区间调整在"0-0"，还能发现很多免费的素材。

另外，这些关系图表的模板一般都是独立存在的，风格各不相同。我们在使用的时候，一定要注意整体风格的统一。如果一套扁平风的PPT中，用了一个商务风的图表模板，就会显得非常突兀。

同样的道理,在商务风的PPT中,也不适合使用扁平化的模板素材。

Chapter 07

第7章
PPT在新媒体中的运用

随着社会和互联网的发展，越来越多新兴的媒介出现在我们的视线中。天天刷微信文章，浏览各式各样的手机H5页面，而你一定想不到，PPT在这些新兴的事物中也能发挥它的光和热。

7.1　PPT中自定义幻灯片大小功能详解

位于"设计"选项卡中的"幻灯片大小"项，是一个并不起眼的功能。单击"幻灯片大小"按钮，可看到提供了4:3与16:9，以及自定义幻灯片大小的选项。

"自定义幻灯片大小"功能虽然并不起眼，但有非常多的作用。最常见的是为了迎合实际的演示需求，根据幕布的大小来调整幻灯片的大小，比如在发布会中常会用到的宽幕布。

图片来源：华为荣耀7发布会

当然它的作用不仅于此。由于可以自定义幻灯片的大小，因此使利用PPT制作海报、制作手机H5页面成为可能。

图片来源：maka.im

第7章　PPT在新媒体中的运用

除此之外，还可以利用PPT制作微信的图文封面。

有一点要提醒大家，不管是手机屏幕还是海报，它们使用的尺寸都是以像素为单位的。

PPT中的幻灯片大小，默认是以厘米作为单位的，所以在制作之前要进行相应的转换。如何转换呢？这里给出一个对应的换算公式。

【1】像素÷分辨率 X 2.54 = 厘米
【2】PPT的分辨率一般为96ppi，
　　 那96像素的图在PPT中则是96 ÷96 X 2.54 = 2.54厘米
【3】苹果6S Plus屏幕尺寸转化后为19.05厘米宽，33.867厘米高

制作H5、制作微信封面图，提到了这么多PPT的延伸应用，那具体应该如何制作呢？在这一章中我将详细地给大家做一个介绍。

7.2　如何用PPT做微信图文排版

"新媒体"可以说是时下的一个热门词汇，就和以前的博客一样，人们纷纷建立微信公众号作为自己的自留地，比如三顿。

做公众号就离不开对内容进行排版。很多人钟爱用各种编辑器比如秀米、i排版、135编辑器等。

虽然这些编辑器有很多漂亮的版式，但是大部分的用户体验并不好。为什么不干脆使用微信自带的编辑器呢？结合PPT，就能做出好看的图文排版。

7.2.1　微信图文排版的基本思路

在讲解排版之前，要搞清楚为什么要排版？排版不仅为了好看，更为了减少大家获取信息的压力，帮助读者理清思路。排版就是要让大家更好地看懂你在讲什么。下

面两张图确实经过了排版，文字内容也多，但看过一遍后很难记住讲了什么。这就是没有减少获取信息的压力，没有帮助读者理清思路。这显然是一个失败的排版。

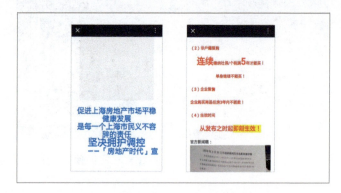

为了帮读者理清思路，我们在排版时要注意两个原则：统一格式，统一排版。

统一格式，指的是风格、样式的统一，包括配图、配色、排版的样式。就比如"行动派"的推送风格一直以扁平化为主，配色都选用黄蓝这类亮色，给人以清新明快的感觉。

通过统一格式，可以增加大家对公众号的辨识度，让别人一看就能记住。

微信公众号页面，目前普遍的排版有两种，一种是两端对齐，还有一种是居中对齐。

一句话占一行的居中排版，属于浅阅读型排版，一般适合娱乐型的文章。两端对齐的，属于深阅读型排版，适合一些偏干货类的文章。

7.2.2 如何制作好看的微信图文排版

1. 封面图

一篇微信文章，打开之后第一眼看到的就是封面图。好的封面图，可以吸引大家点击阅读，而封面图做得不好，往往就给读者留下一个差印象。那封面图怎么用PPT来搞定呢？

首先是制作容器。由于微信封面图的大小一般是600×275px，因而如果要让PPT生成的封面图和实际效果完全一样，首先需要修改PPT的页面尺寸。

这样一来，以后不管是什么图片，只要放到这个做好的PPT容器中，简单移动就可以生成尺寸完全匹配的微信封面图。

容器做好之后，才是具体的制作。推荐几种常见类型封面图的做法，第一种是我的公众号一直在用的。

通常封面图用JPG格式的图片,只要在"文件"选项卡中单击"另存为"命令,将"保存类型"选为"JPEG文件交换格式"即可。

第二种是像"职场充电宝"这样,选好封面图片之后增加一个类似于日历的提醒。很多人觉得这种修改要在PS里面做,其实用PPT就可以完成。

怎么做呢?首先,把图放入做好的容器,拉伸到铺满页面。

接着,在空白的位置添加矩形。最后,调整矩形的填充颜色并加上文字即可。

第7章　PPT在新媒体中的运用

2. 小标题

通常，一篇文章都由几个部分构成，那么必然就需要很多小标题。用PPT也可以做出好看的标题，比如下图形式的小标题。

做法也很简单，修改页面尺寸后用"插入形状"功能添加一个正圆形，然后添加文字保存即可。

3. 正文排版

由于微信推送阅读界面是纯白色的，如果我们将字体颜色设置为纯黑色，会造成视觉上的突兀，黑白强烈的对比会影响阅读。因此，常规内容使用#545454这个浅灰色的颜色，而强调部分使用#363636这个深灰色颜色。

字体大小。正文字号一般选择14号或16号。如果想走文艺小清新风格，那么14号字体会显得更美观一些。16号字体则有着较高的辨识度，适合新闻类的公众号。对于一些注释，比如说标明图片的来源信息等，可以尝试使用12号字体。

段落间距。一般选择1.5磅或1.75磅的间距，看起来非常舒服。

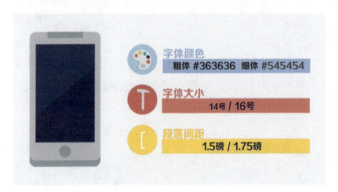

行距。建议段落与段落间保持一倍行距，标题、图片上下各保持一倍行距。这样可以最大程度上保证内容清晰。

强调和引用。我们通常使用微信编辑器自带的引用样式和加粗按钮来表示。

在排版时候要注意两点：格式统一、版式统一；选择合适的排版方式。

7.3 如何用PPT设计H5页面

H5是最近两年非常火的技术。那些经常刷爆微信朋友圈的手机网页大部分都是H5做的。无论是企业宣传、邀请函，还是创意表达，H5有着其非常广泛的应用，比如下图所示的这些。

第7章　PPT在新媒体中的运用

那这样的页面是怎么做出来的呢？

7.3.1 常用的H5在线制作工具

工欲善其事，必先利其器。不管是专业设计师还是PPT新手，制作H5页面都可能用到一些在线制作工具。目前的H5在线制作工具层出不穷，使用比较多的有如下两款。

资源7-01 MAKA（maka.im）

要说新手用哪一款H5制作工具比较好，首推MAKA。MAKA的操作页面简单，乍一看和PPT还有几分相像。添加文字图片都非常方便，上手很容易。

其次，MAKA中有大量做好的免费模板。不需要设计，直接就可以通过模板来进行制作，而且免费模板的质量也都非常高。

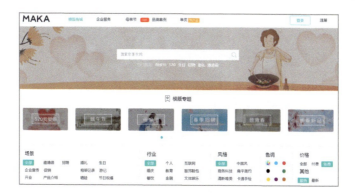

不仅有模板，MAKA内置的素材也是一应俱全。高清图片、矢量图标，甚至PPT中常用的数据图表都可以直接套用。

除此之外，MAKA还有很多实用的功能，比如投票、倒计时、呼叫拨号等都可以一键实现。

201

资源7-02 iH5（ih5.cn）

MAKA可以说是入门级的H5制作工具，那么iH5就是适合专业设计师用的。它支持制作各种动效和交互效果。

看页面就有一种PS的即视感，非常专业。另外，iH5准备了很多优秀的H5教程，从新手到进阶一应俱全。

同时，它也准备了很多素材，提供了很多案例供大家学习。如果真想好好学一下H5的话，建议大家可以尝试使用这个平台。

H5工具我只推荐这两款，它们之间好比就是会声会影和AE的关系。前者简单易学，后者高端专业，都内置了很多教程。

7.3.2 利用PPT制作H5页面

使用这些网络工具也存在一些问题，比如在网页上制作，会出现卡顿。另外，工具中内置的样式也不是很多，有时候没有办法达到想要的效果。这时候可以请出PPT来设计制作H5页面。

Step 1 修改页面尺寸。手机H5页面最终都是在手机端呈现，因此需要将幻灯片页面的尺寸调整为一般手机屏幕的尺寸。

第7章　PPT在新媒体中的运用

Step 2　在做好的H5页面上添加所需的元素。

Step 3　将页面搬运到H5在线生成工具中，这里以MAKA为例。方法很简单，在PPT左上角的"文件"选项卡中选择"另存为"命令，保存为JPEG格式即可。

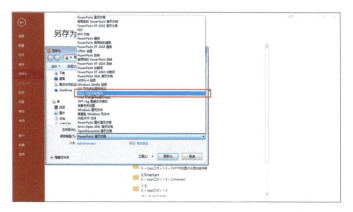

将保存好的图片上传到MAKA，一个页面就轻松地制作完成了。这个方法适合做一些简单的静态页面，如果想为页面中的元素添加动画效果，那么处理就稍微麻烦一

203

些。需要在PPT中将元素逐个保存为图片，然后导入MAKA。需要注意的是，要保存为PNG格式，这样每个元素的背景才是透明的。

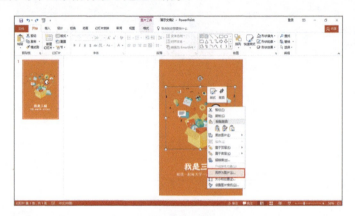

文字处理也是一样的，右键进行复制，粘贴为图片格式后另存，处理完后按PPT中的版式，原封不动地搬运到MAKA，然后逐个添加动画效果就可以了。

除此之外，也有一键实现PPT到H5页面转换的工具。这里给大家推荐其中的一个。

资源7-03 PP匠（PPJ.IO）

上传PPT后可以直接生成H5页面，非常方便。经过测试，PPT中大部分动画效果都可以保留下来。

看完这部分内容,我相信大家都可以轻松地做出一份还不错的H5页面。当然这些只是基础的技巧,要做出专业水准的H5还需要大家去尝试和探索。

7.4 二维码的常见美化技巧

很多人做出来的二维码是黑色的一团,并不好看。二维码已经成为新媒体非常重要的入口,二维码设计得好,也能吸引用户扫码。

7.4.1 二维码的基础制作技巧

二维码一般都是使用生成工具直接生成的。这里给大家推荐一款优秀的生成工具,草料二维码(cli.im)。草料的功能非常齐全,不仅支持文本、网址转化为二维码,还可以对公众号二维码进行美化。

操作非常简单,生成二维码后单击"美化器"。

在美化器中,支持修改二维码的颜色样式,甚至还可以为二维码添加图标。

二维码是用来储存信息的,如果你的链接或者文字过长,那么生成的二维码就会显得非常复杂,看起来是黑乎乎的一团。这时,可用工具对网址进行缩短,比如用百度短网址(dwz.cn)。

只需要输入链接即可。缩短后的网址制作出来的二维码就比原来简单很多。

7.4.2 二维码美化

除了常规的二维码之外,我们还可以进一步美化二维码,比如:第九工场(http://www.9thws.com)。只需在网站中选择样式,然后输入想要转换的链接,就能生成非常好看的二维码。

Chapter 08

第8章
PPT能力延伸技巧

PPT除了有广泛的应用场景外,还有足够的开放性。结合GIF图、其他设计工具以及一些辅助插件,还有很多有意思的玩法。

8.1 GIF图,用PPT也能轻松做出AE效果

我们在刷微博、微信聊天的时候,会用到各式各样的动图,也就是GIF格式的图片。而在对PPT的常规认知中,其是以静态图片为主的。

在PPT中有没有可能使用GIF图片呢?答案是肯定的。和普通图片的插入方式一样,直接在"插入"选项卡中,单击"图片"按钮插入即可。

注意:GIF图在编辑模式下是静态的,在幻灯片放映模式下会显示出动态的效果。

在PPT中制作各类动画效果非常耗时,并且需要长时间的学习。而如果使用GIF图,几分钟就可以做出让人惊艳的动画效果。

那么GIF图在PPT中有哪些具体的应用场景呢?

8.1.1 GIF图结合文字

将GIF图插入PPT,添加合适的文字和背景,在幻灯片放映模式下就可以看到动画效果。

动态图还可以与PPT中传统的动画相结合。比如在"动画"选项卡中，为下图中的文字添加浮入飞出动画。根据GIF图的动画节奏，设置一定的延迟，使两者可以衔接在一起。

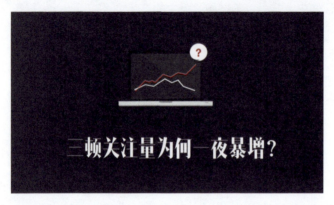

如果对PPT的动画有一定的了解，还可以结合一些复杂动画。比如下面这个案例，为虚线添加路径动画，让自行车产生行驶在路上的效果。

8.1.2　GIF图作为文本填充

给大家看一个例子，这种动态的效果是如何制作的呢？

Step 1　在PPT中新建一个文本框，输入文字，建议选择笔画较粗的字体。

第8章　PPT能力延伸技巧

Step 2　右击文本框，选择"设置形状格式"命令。选择后会在界面右侧弹出相关的修改选项。

Step 3　在"形状选项"中设置填充效果为"图片或纹理填充"，插入预先准备好的GIF图，并设置"透明度"的值为100%。

Step 4　在"形状选项"的右侧找到"文本选项"，同样设置填充效果为"图片或纹理填充"，并插入预先准备好的GIF图，但不调整透明度。

211

这样一来，一个动态的文字效果就完成了。除此之外，GIF图还可以直接作为PPT的背景。

可以说，GIF图有非常多的应用场景。只要GIF图素材的质量足够高，完全可以在PPT中直接使用。

8.1.3　GIF图素材分享

那么在哪里可以找到高质量的GIF图素材呢？这里分享几个网站。

资源8-01 优界网（97ui.com）

该网站将动画效果分为开场动画、进度条以及一般动画等，很容易就能找到高质量的动效素材。

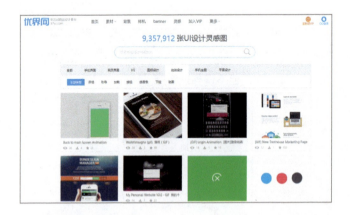

资源8-02 站酷（www.zcool.com.cn）

由站酷精选的动画效果合辑，以APP的动效居多，也能找到一些可以在PPT中直接使用的效果。

第8章 PPT能力延伸技巧

资源8-03 PEXELS（videos.pexels.com）

PEXELS不仅是一个免费的图片素材分享平台，其中也提供了大量的视频素材。将这些视频素材转成GIF图，或者直接插入到PPT中后，设置自动并循环播放，就可以作为PPT背景使用。

8.2 样机，给你的PPT加个壳

在PS中有一类叫作样机的效果，这样的图片效果适用于包装自己的PPT和设计作品。

样机效果作为宣传图有着非常广泛的应用。那这种效果该如何制作呢？和大家分享几个技巧。首先想告诉大家的是如何利用PS软件来实现这样的效果。

Step 1 我们需要先下载"样机"素材，推荐几个网站。

- 优界网（97ui.com/yangji）
- 千图网（www.58pic.com/yangji）
- 昵图网（soso.nipic.com/?q=样机）

比如我在优界网下载了这个素材。

Step 2 下载素材后在PS中将其打开，在PS软件的右边栏中找到对应图像的位置，在白框内双击进入。

第8章　PPT能力延伸技巧

Step 3　双击后弹出了一张新的图片页面，在页面中通过"文件"菜单中的"打开"命令，在PS中打开你想替换上去的图片，拖入页面。

Step 4　删除原有图层，用Ctrl+T快捷键将替换的图片铺满屏幕。

高效搞定PPT

Step 5 使用快捷键Ctrl+S应用到原图，一个样机效果就做好了。

当然，很多人没有PS软件，或者觉得自己动手操作非常麻烦，那怎么办呢？给大家推荐两个直接在线生成样机图片的网站。

资源8-04 dunnnk.com

这个网站的优点是素材完全免费，而且加载速度非常快。但是可惜的是，图片的数量比较少，但图片种类比较齐全，有电脑、手机等，可以快速制作样机效果。

第8章　PPT能力延伸技巧

在网站中选择合适的图片，单击Upload Design上传替换图片。

上传完成后，在页面下方就会直接生成图片，下载即可使用。

资源8-05 placeit.net

这个在线生成样机图片的网站相对于前一个来说，素材数量多了很多，但只提供400x300px的图片免费下载，其他尺寸的都需要付费。

手机、平板以及笔记本电脑，有大量的样机素材供你选择。

不仅可以实现图片替换，还可以替换视频。

操作过程也非常简单，选择合适的图片，在页面中单击"替换"，选择图片进行替换即可。由于需要付费，这个网站只是做一个推荐。想要制作尺寸较小的预览图可以去这个网站，需要大图还是推荐大家使用dunnk.com这样一个网站。

8.3 让做PPT更简单的四款好用插件

为了做好PPT，我们需要借助各式各样的插件。对于新手来说，它们提供了大量的素材和模板，方便我们快速制作PPT。对于PPT爱好者来说，它们可以让我们做出更多、更好、更满意的效果。下面主要推荐四款好用的PPT插件，帮助我们提高制作PPT的效率。

8.3.1 PPT美化大师

该插件是一款非常好用的入门级插件。插件内置了大量的形状和图片素材，分类清楚并且可以自己添加素材，使用起来非常方便。

第8章　PPT能力延伸技巧

在资源广场中也可以找到很多高质量的模板素材，下载下来，一键就可以替换。

除了素材多以外，该插件的其他功能也非常强大。例如，支持批量删除动画、备注，一键修改行距、替换字体，也可以轻松实现导出长图和视频。除了好用的功能，它也有一些不足的地方：内置的模板不好看，弹窗广告过多等，都是这款插件需要改进的地方。

8.3.2　iSlide插件

iSlide插件相对实用，既兼顾了PPT素材需求，又能实现很多专业的效果。插件内置了一个在线色彩库，支持直接导入PPT。如果不知道怎么配色，它是一个很好的选择。

iSlide内置了优质的图示和图表素材库，一键就能插入到PPT中，只需修改文字内容即可。

219

我们直接用PPT导出来的图片经常不够清晰，而用这个插件最高可以导出宽度为5000px的PPT页面，印刷成海报页完全不成问题。该插件还能实现一些在PPT中操作很复杂的效果，比如环形旋转。操作步骤如下所示。

Step 1　在"设计"选项卡中单击"设置背景格式"按钮，选择纯色填充并挑选合适的背景颜色。用绘图工具在PPT中绘制一个等腰三角形。

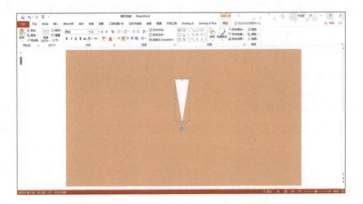

Step 2　复制一个画好的等腰三角形，旋转180度，选中两者后右键组合。

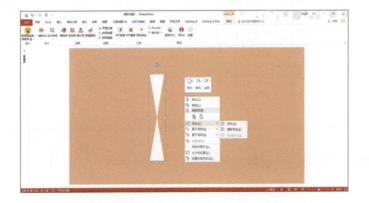

第8章　PPT能力延伸技巧

Step 3　在iSlide插件的"设计排版"中选择"环形布局",修改"数量"的值为12,"布局半径"的值为0,"旋转方式"为"自动旋转"。

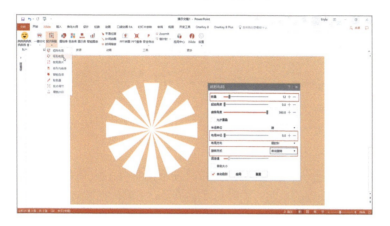

选中图形后右键组合,然后按住Ctrl键放大,一页PPT背景就完成了。我们还可以尝试使用其他形状,会做出很多不错的效果。

统一段落格式、智能参考线等有意思的功能有待大家去实践。

8.3.3　OneKey插件

OneKey是专业性较强的插件,需要一定的PPT操作基础。该插件有强大的图片处理功能。比如,下面这些图片效果,通过这个插件可以一键完成。(左上角图片为原图。)

除此之外,还有一些相对专业的功能,比如导入EMF文件、OK神框等。插件中将它们进行了详细分类,便于使用。

8.3.4 口袋动画PA

顾名思义，这是一个用来辅助制作PPT动画的插件。大家可能觉得动画复杂难学，其实，有很多基础的功能，很容易就能学会。比如，在经典动画中，选取一些新版本中已经删去的动画，一键就可以使用。

再比如，第2章中介绍的文字转矢量功能，原本需要将文字与形状执行"合并形状"操作，非常麻烦。使用这个插件，一键就可以完成。

这就是在PPT制作中常用的四款插件。PPT美化大师和iSlide插件相对基础，提供大量素材的同时也有一些便捷的功能，而OneKey插件和口袋动画PA插件则相对专业。大家可以自行选择需要的插件。

Appendix A

附录A
如何系统地学习PPT，并在短时间内精通

本书介绍了大量与PPT相关的技巧。这些技巧能够确保你做出80分的PPT，也就是内容有序、页面美观，基本符合演示需求的PPT。如果要做出经典的、惊艳的，在90~100分这个阶段的PPT，那确实不是一本书就可以教会大家的。

具体的设计灵感以及制作思路，需要大家不断去积累和学习。进行系统积累和学习，我认为是这样一个过程：第一步是欣赏，第二步是模仿，第三步是学习，第四步是整理，而最后则是积累。

第一步：欣赏

当你还是一个PPT新手的时候，你总会觉得为什么别人做的PPT那么好看，而我做的PPT那么丑。别着急，虽然暂时做不出来，但是我们可以先看看。看看顶尖的PPT长什么样，培养自己对于PPT制作的审美。这里为大家推荐几个优秀的模板网站，网站收纳了众多的优秀PPT模板。

Graphicriver（http://graphicriver.net）

全球最高水平的PPT模板网站，设计非常规范。虽然内容付费，但都提供了清晰的预览图，放在欣赏这一部分推荐给大家。

演界网（yanj.cn）

反复提到的演界网，它的确是学习和欣赏PPT的一个好去处。

除此之外，在PPTSTORE、OfficePLUS这样的模板网站中，也有很多值得欣赏的PPT作品。当然，在刚刚学的时候不建议大家去购买这些模板，仅仅建议大家去欣赏，去了解PPT究竟做成什么样才算好。这是我希望通过这几个网站带给大家的。

第二步：模仿

对PPT有了一些基本的审美判断之后，就可以尝试去模仿一些高手的作品，在模仿中学习PPT的制作技巧。

推荐大家去欣赏的作品,也完全可以尝试模仿。另外,这里再推荐一些比较容易上手却又非常经典的作品。群殴PPT(www.qunoppt.com)上的大部分优秀作品都提供下载,所以非常适合新手做模仿。

第三步:学习

通过欣赏、模仿,大家会对制作PPT产生一定的思路,同时也掌握了基本的PPT制作技巧,之后需要大家通过系统学习,来进一步开阔制作思路、提高制作效率。

除了推荐本书之外,我也为大家推荐一些与PPT相关的纸质图书。这些书籍基本都涵盖了PPT制作技巧、制作思路,同时也会有一些素材的分享,非常适合大家学习。考虑到篇幅有限,在这里不做具体介绍,感兴趣的读者可以直接到各大网上书店查看。

这里重点推荐两本书:一本是邵云蛟(@旁门左道)的《PPT设计思维》,一本是杨臻(@般若黑洞)的《PPT要你好看》。前者侧重思维,而后者侧重实际的制作技巧。

有一点需要特别提醒大家,学习PPT的途径很多,但是不要一股脑地全部去学,选择一类你喜欢并且能够适应的板块去深入学习,这样才能在短时间内产生效果。

至于整理和积累,我在前面的章节中已经和大家分享了大量的技巧,在这里就不再赘述了。介绍了这么多方法,最重要的还是动手尝试,希望大家能在看完这篇文章之后,能按我说的方法去动手尝试,一定会有所收获。

Appendix B

附录B
不为人知却好用至极的六款
PPT辅助工具

有很多小工具也在PPT制作过程中扮演了重要的角色。用好这些小工具，不仅可以缩短PPT制作时间，也会为作品增色不少。

CollageIt Pro图片平铺工具

这是华为手机发布会上的一页PPT,小图片紧密有序排列的背景效果非常好看,那么这种效果是如何实现的呢?答案就是这款叫作CollageIt Pro的小工具。

在工具中选择合适的图片模板后,插入图片就会自动进行排版。

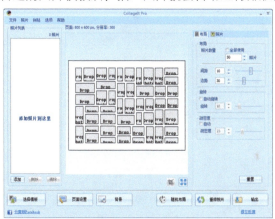

在制作过程中,建议大家将背景色设为黑色,"边距"值设为0,"间距"也可以适当调整,方便之后插入到PPT中的操作。

最后将生成的图片设置为PPT的背景，再添加蒙版，添加文字，效果如下图所示。

PPTminimizer

这是一款可以压缩PPT的工具。有时候制作出来的PPT尺寸过大，不方便复制使用，用它就可以解决。

比如原本这个32.7MB的文件，经过压缩，缩小到了14.0MB。

附录B　不为人知却好用至极的六款PPT辅助工具

字由

在PPT的制作过程中会用到各式各样的字体。有的人的电脑中安装的字体很少,制作时没有合适的字体可以使用。有的人的电脑中安装了大量的字体,但管理混乱。

字由这款软件收集了国内外大量的字体,并且与PowerPoint无缝连接。在PPT中插入文字,选中文字,然后在字由中单击想要使用的字体,直接就能完成字体设置。

除此之外,这款软件还支持按需求对字体进行分类,在软件中还展示了每款字体的应用案例、字体介绍以及字体设计的背景信息,非常实用。

字由中的字体不包含个人或商业授权,对于有版权的字体可以进行预览,但使用还请获取授权。

除了软件之外,还有很多在线处理网站值得推荐。

convertio.co

这是一个非常好用的格式转换网站。我们常用的Word、PDF格式的文件,可以在这个网站中轻松地进行相互转化。

不仅可以进行格式转换，它还可以对PDF文件进行合并、拆分、压缩等一系列操作。

我们常用的将视频转换为GIF动图，各类音/视频包括图像的转换，也都能通过这个网站来实现。

Optimizilla.com/zh/

这是一个支持批量压缩图片大小的网页，在压缩的同时，能够尽可能保证图片的质量。如果需要对图片进行压缩，可以在这个网站上解决。

附录B　不为人知却好用至极的六款PPT辅助工具

上传图片后，还支持自由调整图片的压缩质量，非常方便。

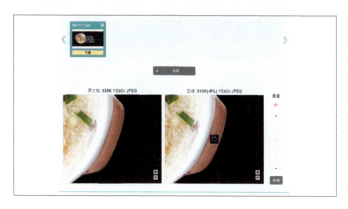

创客贴

这是一个可以快速制图的网站，内置了大量的模板。即使你没有设计基础，也可以在线制作精美的海报、PPT、微信图文封面等。

它支持海报、名片等几十种页面设计。以海报为例，在制作界面提供了大量的模板，单击即可套用。

在右侧的编辑栏中，双击文字即可直接修改；而在左侧的素材区域，准备了很多

高质量的插图和图标素材,方便我们在套用模板的同时,DIY海报的样式。

我认为这个网站是一个很好的设计灵感来源。在"即做即用"的同时,在PPT中模仿这些海报和页面,是一个提升PPT制作水平的好方法。

Appendix C

附录C
PPT中常用的快捷键

高效搞定PPT

想要提高PPT的制作效率，掌握一些常用的快捷键是非常有必要的。比如，选中对象后使用"Ctrl+D"或者"按住Ctrl键后拖曳对象"都可以实现对对象的快速复制。

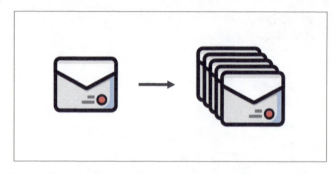

再比如拉伸图形时，如果随意拉伸，容易导致图形变形。使用快捷键"Shift+拉伸对象"就可以等比例缩放对象，使用快捷键"Ctrl+拉伸对象"则可以按中心缩放对象。

"Ctrl+S"可以快速保存文件，防止丢失；"Ctrl+M"可以直接新建一页幻灯片；"Alt+F9"可以快速调出参考线。类似的快捷键还有很多，我在这里将一些常用的快捷键整理成了表格的形式，供大家参考。

PPT中常用的快捷键	
说明	快捷键
复制	Ctrl+C
粘贴	Ctrl+V
保存	Ctrl+S
另存为	F12
新建幻灯片	Ctrl+M
撤销	Ctrl+Z
组合	Ctrl+G
取消组合	Ctrl+Shift+G
重复最后操作	Ctrl+Y/F4

续表

与各类对象相关的快捷键	
说明	快捷键
打开"字体"对话框	Ctrl+T
文本加粗	Ctrl+B
给文本加下画线	Ctrl+U
文本倾斜	Ctrl+I
将文本改为下标	Ctrl+=
将文本改为上标	Ctrl+Shift+=
微调对象位置	Ctrl+↑ ↓ ← →
居中/左/右对齐	Ctrl+E/L/R
复制对象格式	Ctrl+Shift+C
粘贴对象格式	Ctrl+Shift+V
选择性粘贴	Ctrl+Alt+V
与视图及幻灯片放映相关的快捷键	
说明	快捷键
快速缩放页面	Ctrl+鼠标滚轮
显示/隐藏"选择"窗格	Alt+F10
显示/隐藏参考线	Alt+F9
显示/隐藏网格线	Shift+F9
从头放映幻灯片	F5
从当前幻灯片开始放映	Shift+F5
白屏或退出白屏	W（放映状态下）
黑屏或退出黑屏	B（放映状态下）
显示全局缩略图	G（放映状态下）

Appendix D

附录D
本书提到的素材网站及资源汇总

附录D 本书提到的素材网站及资源汇总

模板类	
OfficePLUS	www.officeplus.cn
逼格PPT	www.tretars.com
群殴PPT	www.qunoppt.com
优品PPT	www.ypppt.com
PPTFans	www.pptfans.cn
找个PPT	www.zhaogeppt.com
演界网	www.yanj.cn
PPTSTORE	www.pptstore.net
Graphicriver	graphicriver.net
图片类	
摄图网	www.699pic.com
pixabay	www.pixabay.com
PEXELS	www.pexels.com
wallhaven	alpha.wallhaven.cc
Gratisography	www.gratisography.com
泼辣有图	www.polayoutu.com/collections
Foodiesfeed	www.foodiesfeed.com
Pixite	source.pixite.co
多搜搜	duososo.com
字体类	
求字体网	www.qiuziti.com
配色类	
ColorBlender	colorblender.com
Adobe Color CC	color.adobe.com
BrandColors	brandcolors.net
Color Hunt	colorhunt.co
图标类	
Iconfont	www.iconfont.cn
easyicon	www.easyicon.net
IcoMoon	icomoon.io/app
设计灵感	
花瓣网	huaban.com
站酷网	www.zcool.com.cn
Dribbble	dribbble.com
Behance	www.behance.net

续表

综合网址导航	
HiPPTer	www.hippter.com/
设计师网址导航	hao.uisdc.com/
其 他	
MAKA	www.maka.im
iH5	ih5.cn
草料二维码	cli.im
第九工厂二维码	www.9thws.com
百度脑图	naotu.baidu.com

读者专享4GB的PPT素材包，关注三顿PPT，回复"高效搞定PPT"即可获得。